U0249583

北京水生态
服务功能与价值

孟庆义　欧阳志云　马东春　等◎著

Water Ecosystem Service
Assessment and
Valuation in Beijing

科学出版社

北 京

内 容 简 介

　　水生态服务价值研究是对水生态系统的各项服务功能的价值量化评价，是揭示水生态系统对社会经济的支撑作用、全面认识水资源价值的重要环节。本书在分析国内外水生态服务价值评价的最新进展和北京水生态演变的基础上，建立了北京水生态服务功能评价的理论和方法，系统地评估了北京水生态服务功能及其生态经济价值，探讨了北京水生态服务功能管理对策与措施。

　　本书可供生态规划与管理、生态评价与监测、水资源管理及相关领域科学问题的研究者和有关院所师生参考阅读。

图书在版编目（CIP）数据

北京水生态服务功能与价值／孟庆义等著. —北京：科学出版社，2012
ISBN 978-7-03-033699-6

Ⅰ. 北… Ⅱ. 孟… Ⅲ. 水环境－生态系统－服务功能－评价 Ⅳ. X832

中国版本图书馆 CIP 数据核字（2012）第 035029 号

责任编辑：李　敏　张　菊／责任校对：张怡君
责任印制：徐晓晨／封面设计：无极书装

科 学 出 版 社 出版
北京东黄城根北街 16 号
邮政编码：100717
http://www.sciencep.com

北京京华虎彩印刷有限公司 印刷
科学出版社发行　各地新华书店经销

*

2012 年 4 月第　一　版　开本：B5（720×1000）
2015 年 8 月第二次印刷　印张：12 1/4　插页：2
字数：250 000

定价：**88.00 元**
（如有印装质量问题，我社负责调换）

《北京水生态服务功能与价值》
编写人员

孟庆义　　欧阳志云　　马东春

汪元元　　王凤春　　韩中华

郑　华　　江　波　　韩鲁杰

白　杨　　杨胜利　　居　江

赵曙光　　周红英

前　　言

水作为一种特殊的生态资源，是支撑整个地球生命系统的基础，是人类生存与发展的重要基础资源。水生态系统不仅提供了人类生活和生产所必需的水资源、鱼类、水电等产品，保障了农林等产业的发展，还具有调节气候、预防地面沉降、净化环境、调蓄洪水、营养物质循环的生态功能，以及改善生活质量、休闲娱乐、传承民族文化等文化服务功能。水生态服务功能是指人类从水生态系统中获得的利益。

在长期水资源开发利用与水管理过程中，人们往往只注重水的产品提供功能，没有充分认识到水的生态调节功能、生态支持功能和文化服务功能，忽视水的生态服务价值，从而导致了水生态系统的不可持续经营以及水生态服务功能的退化和丧失。现在，仍有很多人对水生态系统及其服务功能不甚了解，甚至一无所知。

国际社会及各国政府越来越重视生态系统服务功能的评价和管理，而水生态系统作为其中重要的必不可少的组成部分，尤其得到广泛的重视。2001 年联合国秘书长安南（Kofi Annan）宣布启动"千年生态系统评估"（Millennium Ecosystem Assessment），该项目以生态系统所提供的服务评估为核心，在全球范围内评估生态系统的变化以及对人类福祉的影响，为公众和决策者提供科学信息，以提高生态系统的管理水平，促进社会的可持续发展。

北京城市的高速发展与人口的快速增长对城市可持续发展提出了严峻的挑战和更高的要求。据统计，2010 年，北京市水资源总量为 23.1 亿 m^3，常住人口 1961 万，人均水资源量不足 $200m^3$，属重度缺水地区，水资源供需矛盾日益尖锐，水资源短缺已成为首都经济与社会发展的关键制约因素。1999 ~ 2010 年，北京连续十年干旱少雨（2008 年降雨偏丰），多年平均降雨 473mm，比多年平均降水量少 10%，是新中国成立以来连旱期最长、旱情最严重的时期，水资源紧缺态势进一步加剧。北京采取强化节水、外域调水、动用水库多年库存、牺牲生态环境用水、持续超采地下水、大力推进再生水的使用等多项措施保证了生产与生活水资源的供需平衡，使有限的水资源保障了经济社会发展。但长期牺牲生态环境用水，导致河流干涸、湿地退化甚至消失、地下水位持续下降，水生态系统严重退化，成为威胁北京生态安全最主要的因素。

水生态系统退化，导致水生态服务功能的衰退。河流、湿地的水体自净能力和水环境容量大大降低，湿地生境丧失、动植物种类减少，干涸的河床成为北京的风沙源。地下水位下降引发的地面沉降（大于 50mm）面积达到 2815km^2，玉泉山泉群、樱桃沟泉等一些北京著名泉水景观消失，城区湖泊完全依靠人工补水维持。水资源过度开发与地下水下降也加剧了大运河、永定河等历史文化遗迹的损毁与破坏。水生态服务功能的退化已成为北京经济社会可持续发展、建设宜居城市的主要障碍。

北京水资源紧缺形势严峻，2014 年南水北调引江水到京前的几年，将是北京水供需矛盾最尖锐的时期，如何以有限的水资源支撑北京经济社会又好又快地发展，同时，保障生态环境需水量、维持水生态服务功能，是摆在我们面前最现实、最紧迫和最艰巨的任务。北京市水务局贯彻市委、市政府确立的建设"人文北京、科技北京、绿色北京"的发展思路，结合北京的水情实际，从战略高度确立了建设"民生水务、科技水务、生态水务"的工作目标，更好地推动了水资源的保护、利用和管理，保障北京城市生活与生产用水和基本生态需水，为北京经济社会的发展提供支撑和生态保障。开展水的经济、社会和生态的综合价值研究，尤其是对水的生态服务价值的研究，揭示水生态系统对北京社会经济的支撑作用，可以为更好地管理水和利用水提供科学基础。

北京水生态服务功能与价值研究是首次全面开展的北京水生态服务价值研究。研究目标是以北京水生态系统为研究对象，从理论上阐明北京水生态系统服务功能的本质、北京水生态系统服务功能发挥作用的机制和北京水生态系统服务的内涵，以北京水生态系统的产品提供功能、生态调节功能、生态支持功能和文化服务功能（如提供水资源、水资源调蓄、预防地面沉降、气候调节、休闲娱乐、景观价值、水文化价值和生物多样性保护等）为研究切入点，确定北京水生态系统服务功能评价指标和评价方法，提出北京水生态系统服务的价值化的核算方法，为北京水生态功能区划分和管理、水生态区域统筹和网格化精细管理、水生态恢复与建设、生态补偿机制和综合水资源生态环境经济的国民经济综合核算体制的实施提供科学依据和决策支持。

在北京市水务局的支持下，本研究围绕北京"生态水务"的基础科学问题，

在分析国内外水生态服务功能评价理论与方法的最新进展和北京生态环境问题的
基础上，建立北京水生态服务功能评价的理论和方法，分析北京水生态功能作用
机制与功能表现，评价北京水生态服务功能及其生态经济价值，探讨北京水生态
功能管理策略。本书的主要内容如下。

（1）水生态系统服务功能价值化理论与方法。研究水生态系统服务价值理
论基础、水生态系统服务价值的基本分类、水生态系统服务价值评估方法论
基础。

（2）国内外水生态系统服务功能的研究概况。分析国内外水生态系统服务
功能研究进展。

（3）北京水生态系统服务内涵与评价指标体系。针对北京水生态对经济社
会发展具有支撑作用的特征，研究北京水生态服务功能内涵，建立北京水生态系
统服务功能评价指标体系，分析北京水生态服务功能的特征与演变过程。

（4）北京水生态服务功能价值评价。研究北京水生态服务功能价值化方法，
核算北京水生态服务价值。

（5）北京水生态对农业与产业贡献的服务功能及价值研究。通过对功能的
广义内涵进行进一步深入分析，对其贡献价值进行核算，为水生态管理提供全面
客观的依据。

（6）北京水生态服务功能价值与应用研究。对北京的水生态服务功能的优
化管理提出对策和管理思路。

在课题研究和本书编写过程中，我们得到了北京市水务局程静局长、陈铁总
工程师、杨进怀副巡视员、冉连起处长、孙凤华处长和戴育华处长的大力支持。
在研究中，我们参考和借鉴了许多国内外专家和学者的研究成果，在此一并表示
诚挚的感谢。本书结合北京当前实际，力求对北京水生态系统服务功能与价值进
行科学计算和深入探讨，但由于生态系统服务功能评价是生态学前沿领域，理论
和方法还处在不断发展的过程中，同时由于编写者的水平和时间有限，书中难免
存在一些不足之处，恳请读者和专家批评指正。

作　者

2011 年 8 月

目　　录

图　目　录

表 目 录

第一章　北京水生态演变

第一节　自然与经济社会概况

北京市位于华北大平原的北端，东部与天津接壤，其余皆与河北省毗邻。其地理坐标为东经 115°25′~117°30′，北纬 39°26′~41°05′，全市总面积为 16 410.54km²。2008 年，北京市常住人口为 1695 万人，人均国内生产总值（GDP）达到 6.3 万元，但年可利用水资源量为 34.2 亿 m³，人均水资源量仅为 200m³，属资源型重度缺水地区。

一、地质、地貌

（一）地质

北京地区断裂结构比较发育，地震活动比较频繁而且强烈，其地质构造单元属太行山北东向隆起构造带、燕山纬向褶皱构造带以及华北平原沉降带的复合部位（颜昌远，1999）。岩层在构造运动中产生弯曲变形和断裂，形成褶皱、节理、断层等地质构造特征，为地下水、地热和温泉赋存了条件。经过多期地壳运动，北京地区形成了地表山脉的隆起和平原的沉降，呈现出由西向东，由北向南的中山、低山、丘陵，过渡到洪积台坡地和平原的地貌（北京市水利局，1999）。

（二）地貌

北京的地势西北高耸，东南低缓。西部、北部和东北部是连绵不断的群山，西部为西山，属太行山山脉，山脊平均高程为 1400~1600m，北部和东北部为军都山，属燕山山脉，山脊平均高程为 1000~1500m，两条山脉相连，形成一个向东南展开的半圆形大山湾，即"北京湾"；东南部是一片缓缓向渤海倾斜的平原，主要由河流冲洪积扇和洪积、冲积平原联合组成。北京境内最高处为门头沟区的东灵山，海拔高程 2303m，最低处为通州区东南边界，海拔高程不足 10m（颜昌远，1999）。

二、气候特征

北京属暖温带半干旱半湿润气候区，具有春旱多风、夏热多雨、秋高气爽、冬寒晴燥的特点。夏季受大陆热低压影响，盛行偏南风，多阴雨天气；冬季受蒙古高压影响，盛行偏北风，天气晴朗而少雨雪。因此，这里四季分明、春秋短促、冬夏较长（颜昌远，1999）。

由于地区高程不同，北京地区气温各异，山前平原区，年平均气温在 11 ~ 12℃，海拔越高，年平均气温越低，大约每升高 100m，气温降低 0.7℃。随着城市的快速发展，城区温度在不断升高（颜昌远，1999）。据统计，2008 年北京市平均气温为 13.4℃，其中 1 月最冷，平均气温 - 3.0℃，7 月最热，平均气温 27.2℃（图 1-1）。

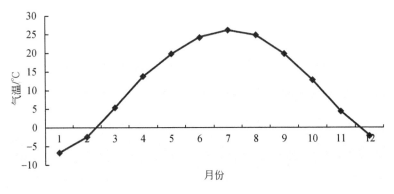

图 1-1　1951 ~ 2008 年多年平均月气温变化图

资料来源：中国气象局网站。

北京市降水主要集中在夏季的 7 月下旬至 8 月中旬（图 1-2）。据统计，新中国成立以来（1949 ~ 2008 年），多年平均降水量为 585mm，形成年可利用水资源量 37.4 亿 m³。但 1999 ~ 2008 年的 10 年间，北京市遭遇了连续干旱，年平均降水量为 450mm，比多年平均减少了 25%，年均形成的可利用水资源量只有

26 亿 m³，远远低于多年平均值。2008 年北京市降雨量为 638mm，是 1999 年以来的最高值（图 1-3）。

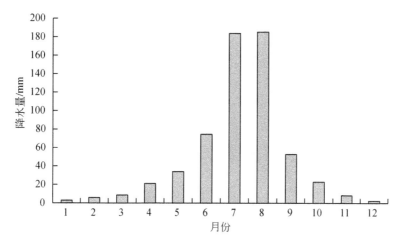

图 1-2　1951～2008 年多年平均月降水量变化图

资料来源：中国气象局网站。

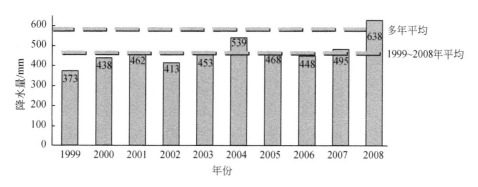

图 1-3　北京地区 1999～2008 年降水情况

资料来源：北京市水务局统计资料。

三、经济社会概况

北京是中华人民共和国的首都，全国的政治中心、文化中心，世界著名古都和现代国际性城市。

北京市下辖东城区、西城区、朝阳区、丰台区、石景山区、海淀区、门头沟区、房山区、通州区、顺义区、大兴区、昌平区、怀柔区、平谷区、密云县、延庆县。

截至 2008 年年底，北京市常住人口 1695 万人，其中户籍人口 1229.9 万人，居住半年以上的外来人口 465.1 万人。常住人口密度为 1033 人/km²。常住人口中，城镇人口 1439.1 万人，乡村人口 255.9 万人。全市常住人口出生率 8.17‰，常住人口死亡率 4.75‰，常住人口自然增长率 3.42‰（北京市统计局，2009）。

2008 年，全市实现地区生产总值 10 488 亿元，其中，第一产业增加值 112.8 亿元，第二产业增加值 2693.2 亿元，第三产业增加值 7682 亿元。全市完成地方一般预算财政收入 1837.3 亿元，比上年增长 23.1%，地方财政支出 1956 亿元，增长 18.6%（北京市统计局，2009）。

第二节 水 文 特 征

一、降水

1949 ~ 2008 年，北京市多年平均降水量为 585mm。北京地区的降水特征包括如下几点。

（1）降水变率大，降水年内分配不均。每年汛期（6 ~ 9 月）降雨量较大，占全年的 80%，相对集中，易形成径流，是北京市形成水资源的有效降雨。7 月下旬到 8 月上旬，20 天内降雨占全年的 1/4，是本市的主汛期，形成的水资源占全年的 30%。而春季和冬季降水量少，容易出现干旱。北京市的降水变率大，年降水量（或汛期降水量）变化幅度较大。1869 年降水量为 242mm，1959 年降水量为 1406mm，相差 4.8 倍（北京市水利局，1999）。

（2）常常连续出现丰水年或枯水年。根据气象资料统计，清乾隆六年至十四年（1741 ~ 1749 年）年降水量连续偏枯，发生干旱；清光绪十八年至二十四年（1892 ~ 1898 年）汛期降水量连续偏丰，发生水灾（北京市水利局，1999）。1999 年以来，北京市遭遇连续干旱，年均降水量仅为 450mm。

（3）降水空间分布差异明显。北京地区暴雨中心多发区分布在燕山、西山的山前迎风带，平均降水量高出全市平均水平 20% 左右（焦志忠，2008）。其中，枣树林、漫水河等地是特大暴雨发生地，由此向山前、山后，南北逐渐递减。

二、蒸发

北京市多年平均水面蒸发量为1100mm，平原地区与风口处蒸发量较大，西部、东北部和北部山区较小。一年中4～6月三个月蒸发量最大，约占全年的45%，冬季3个月最小，仅占全年的10%（北京市水利局，1999）。

北京市多年陆面蒸发量略高于400mm，东南部较高，西北部较低（北京市水利局，1999）。

北京市多年平均干旱指数（多年平均水面蒸发量和降水量的比例）为1.39～2.98。干旱指数最低的地方是霞云岭，最高的地方是官厅水库（北京市水利局，1999）。

三、径流

北京市地表径流量逐年减少。20世纪50年代末期的地表径流量为47亿m³，60年代为20亿m³，80年代前期为15亿m³，90年代境内地表径流量仅为13亿m³（岑嘉法，2004）。1997～2007年，北京市连续九年干旱，年均出境水量为8.4亿m³。其中，清洁雨水为3.2亿m³，占38%；污水5.2亿m³，占62%。北京市地表径流时空分布不均匀，年际变化大，全市最大水年与最小水年径流量比值为8，汛期径流量占全年的40%～70%（北京市水利局，1999）。

第三节　水　系　构　成

北京地处海河流域，天然河道自西向东分布有五大水系：永定河水系、北运河水系、潮白河水系、大清河水系和蓟运河水系。其中，只有北运河水系发源于北京市境内，其他四条河流均为过境河流。河流基本流向是西北向东南，最后汇入渤海（图1-4）（北京市地方志编纂委员会，2003）。

永定河是海河流域北系最大的河流，上游发源于山西省宁武县的桑干河和内蒙古自治区兴和县的洋河，两河于河北省朱官屯汇合后成永定河。该河自北向南流经北京地区后进入京冀平原，到天津市附近屈家店经北运河入渤海。永定河流

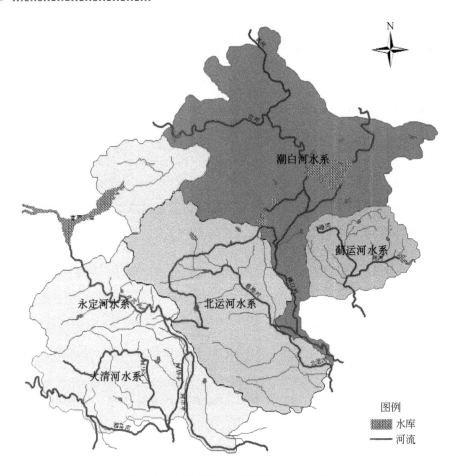

图 1-4　北京市五大水系流域分布示意图

域总面积为 47 016km²，北京市境内流域面积为 3168km²，占总面积的 6.7%。永定河全长 747km，北京段长 170km，宽度为 70~3500m，北京境内主要支流包括清水河、清水涧、苇甸沟、樱桃沟、妫水河、天堂河、小龙河、大龙河等。永定河北京段流经门头沟、石景山、丰台、大兴和房山五个区，其中，门头沟区内永定河流域占全区面积的 88.7%，永定河的生态环境对沿河区域发展具有重要的作用。永定河是全国四大重点防洪江河之一，是首都的防洪安全屏障，是北京市重要供水水源河道和水源保护区，北京城市总体规划已将永定河定位为"京西绿色生态走廊与城市西南的生态屏障"（北京市水务局，2009a）。

潮白河与北运河、蓟运河合称"北三河"，是海河北系四大河流之一，上游主要支流为潮河和白河。潮河起源于北京市丰宁县草碾沟黑山嘴，经滦平县到古北口入北京市密云县境内，在密云县西南河槽村东与白河汇流后，始称潮白河。该河自北向南流经密云、怀柔、顺义和通州四区县，在通州区牛牧屯引水出境后入潮白新河，流经河北省香河县、天津市宝坻县，至宁车沽与永定新河汇合后在北塘入渤海（颜昌远，1999）。潮白河全流域面积 19 354km²，北京市境内流域面积 5688km²，占总流域面积的 30%。潮白河流域水系在北京市境内干流长 84km，三级以上支流 42 条，长约 1000km，主要支流包括小东河、怀河、城北减河、箭杆河和运潮减河等。潮白河流域位于"两轴两带多中心"城市空间发展格局的"东部发展带"的核心区域，是都市型现代农业的带动区，在北京建设世界城市发展中具有重要的地位和作用（北京市水利科学研究所等，2008）。

北运河是海河流域的一条重要支流，发源于北京市境内燕山南麓的昌平、延庆、海淀一带山区，是我国著名的南北大运河的起始端。上游北关闸以上称温榆河，南流至通州牛牧屯出北京界，流经河北香河、天津武清，于天津入海河，全长 238km，流域面积 6166km²。北运河干流在北京市境内主河道（包括温榆河）全长 89.4km，流域面积为 4293km²，共有干流和一级支流 14 条，总长 404km，一级支流主要包括南沙河、北沙河、东沙河、蔺沟河、清河、坝河、小中河、温榆河干流、通惠河、凉水河、凤港减河、凤河等。北运河具有防洪排涝和灌溉的重要功能，北运河流域涉及东城、西城、昌平、海淀、朝阳、顺义、通州、石景山、丰台、大兴等区县，是北京市人口最集中、产业最聚集、城市化水平最高的流域（北京市水务局，2007）。

大清河水系的北支拒马河发源于河北省涞源县，向东北流，在涞山西北入房山区十渡镇，于南尚乐乡出境，境内主河道长 61km，流域面积 2219km²。出北京后在河北省涿州（原涿县）接纳大石河和小清河。大石河、小清河是北拒马河发源于北京市境内较大的支流，大石河发源于百花山的南麓，向东流至漫水河出山，折向南流入平原，沿途汇入马刨泉河、周口店河、夹括河，在河北省涿州入北拒马河；小清河发源于丰台马鞍山东坡，沿途纳入刺猬河，在河北省涿州入北拒马河（雷曜扬，2007）。

蓟运河上游主要支流沟河发源于河北兴隆县，于泥河村附近入平谷境内，沿途纳入金鸡河，由东南曲折流出北京市，境内主河道长 48km，流域面积 1377km²，在河北省九江口附近与州河汇合，始称蓟运河（北京市地方志编纂委员会，2000）。

北京市没有天然湖泊，目前主要的城市湖泊包括六海（西海、后海、前海、北海、中海、南海）、昆明湖、团城湖、龙潭湖、奥运湖、玉渊潭湖、八一湖、圆明园湖等。

第四节　水资源特征

北京市水资源严重匮乏。2008 年人均水资源量仅为 200m³，是全国人均占有量的 1/12，世界人均占有量的 1/50。随着北京城市的发展，人口的增多，入境水量的衰减，地下水严重超采，水污染加重，北京市可利用的水资源量越来越少。

2008 年，北京市地表水资源量 12.79 亿 m³，地下水资源量 21.42 亿 m³，全市水资源总量 34.21 亿 m³，比上年的 23.81 亿 m³ 多 44%，比多年平均的 37.39 亿 m³ 少 9%。分流域水资源总量详见表 1-1（北京市水务局，2008）。

表 1-1　2008 年北京市流域分区水资源总量表　　（单位：亿 m³）

流域分区	年降水量	地表水资源量	地下水资源量	水资源总量
蓟运河	8.42	0.53	3.02	3.55
潮白河	36.61	3.44	3.01	6.45
北运河	26.83	4.46	7.61	12.07
永定河	18.07	3.22	3.52	6.74
大清河	14.77	1.14	4.26	5.40
全市	104.70	12.79	21.42	34.21

资料来源：《2008 年北京水资源公报》。

一、地表水资源

北京市地表水资源一部分由本市境内的降水产生，另一部分是外境入水。外境入水主要是来源于流经本市的永定河、潮白河、蓟运河和拒马河等水系。由于连年干旱，北京市地表水资源量逐年减少。根据 1956～1984 年的资料统计，北京市境内年均径流量为 23 亿 m³，1956～1995 年多年平均入境水量为 17.06 亿 m³，多年平均地表水资源量为 40.06 亿 m³；1999～2008 年北京市连续干旱，上游来水锐减，年均地表水资源量降为 7.27 亿 m³（北京市地方志编纂委员会，2000）。

新中国成立以后，北京市通过兴建水库、塘坝、截流和河道建闸等水利工程，大量开发利用地表水资源。据统计，到 2008 年，北京市建成了大、中、小型水库 82 座，总库容为 93.94 亿 m³，大型引水渠 2 条，大、中型拦河闸 63 座，橡胶坝 34 座，蓄水容量约 0.8 亿 m³；塘坝截流工程 428 处，总蓄水容量约 0.11 亿 m³。

官厅水库 2008 年可利用来水量 0.80 亿 m³（包括收河北、山西补水 0.11 亿 m³），比 2007 年的 0.67 亿 m³ 多 19%，比多年平均的 9.41 亿 m³ 少 91%。密云水库可利用来水量 4.68 亿 m³（包括收白河堡、遥桥峪、半城子水库补水 0.95 亿 m³），比 2007 年的 1.97 亿 m³ 多 138%，比多年平均的 9.91 亿 m³ 少 53%。两大水库可利用来水量 5.48 亿 m³，比 2007 年的 2.64 亿 m³ 多 108%（北京市水务局，2008）。

2008 年年末官厅水库蓄水量为 1.63 亿 m³，比 2007 年年末的 1.30 亿 m³ 多 0.33 亿 m³，密云水库为 11.30 亿 m³，比 2007 年年末的 9.76 亿 m³ 多 1.54 亿 m³，两库年末共蓄水 12.93 亿 m³，比 2007 年年末的 11.06 亿 m³ 多 1.87 亿 m³（北京市水务局，2008）。

2008 年全市地表水资源量为 12.8 亿 m³，比 2007 年的 7.60 亿 m³ 多 68%，比多年平均的 17.72 亿 m³ 少 28%。从流域分区看（表 1-1），北运河水系径流量（4.46 亿 m³）为最大，蓟运河水系径流量（0.53 亿 m³）为最小（图 1-5）。

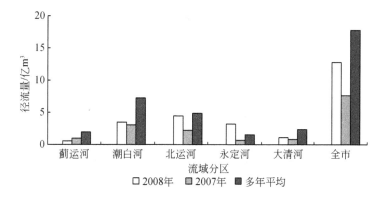

图 1-5　2007 年与 2008 年及多年平均流域分区径流量比较图

资料来源：《2008 年北京水资源公报》。

二、地下水资源

北京地区地下水含水层类型有松散岩类孔隙水、碳酸盐岩溶裂隙水和基岩裂隙水三大类，目前大量开采利用的是前两类。孔隙水的补给来源主要是大气降水、地表水（河道、渠道水）、农田灌溉水渗入和邻区的侧向补给（岑嘉法，2004）。

北京市地下水多年平均补给量为 35.98 亿 m^3（包括平原区地下水补给 27.66 亿 m^3，山区地下水补给 15.17 亿 m^3，山区与平原的重复计算量为 6.85 亿 m^3）。经过对全市水资源的评价，北京市年可开采资源量为 26.33 亿 m^3，其中，平原区 24.53 亿 m^3，山区 1.78 亿 m^3，考虑到部分地区的超采和环境恢复，适当增加开采潜力，在无外来水源的条件下，北京市地下水年开采量不应超过 24.53 亿 m^3，其中，平原区为 22.75 亿 m^3，山区为 1.78 亿 m^3（岑嘉法，2004）。

由于可利用地表水锐减，北京市 65% 的供水依赖于地下水，全市年开采地下水为 26 亿 m^3，达到了地下水的开采极限。尤其是连续九年干旱，年均超采地下水 5.7 亿 m^3，据统计，九年累计超采平原区地下水 51 亿 m^3，导致地下水超采严重，地下水位持续下降，由 1998 年年底的 11.88m 下降到 2008 年年底的 23m，在开采相对集中的地方，出现了地面沉降，形成了地下水超采漏斗区，对北京市生态环境影响很大。

第五节 水生态演变

北京水生态演变包括城市水环境的演变过程、典型地域的水生态演变过程，包括水库、河流、地下水和湿地。

一、自 1950 年以来的演变过程

20 世纪 50 年代北京市开始根治水患，兴修水利，建设水库；60 年代，东南郊除涝，营造水田；七八十年代，水库受到污染，两河出现断流，北京出现缺水危机；90 年代，供给水源转变，地下水位下降；进入 21 世纪，北京持续干旱，缺水形势日益严峻（图 1-6）。

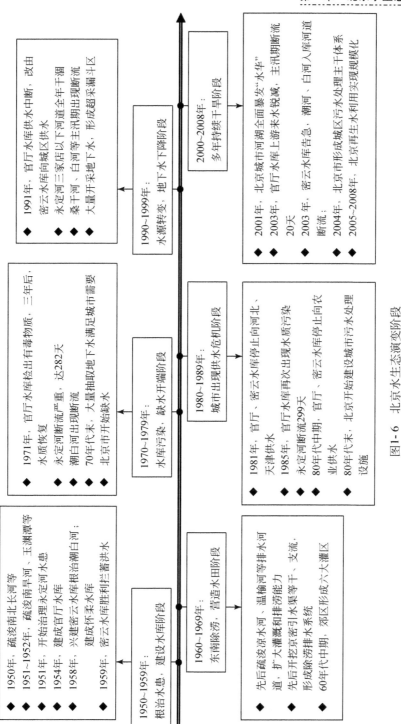

图1-6 北京水生态演变阶段

注:该图由编写者根据文献资料整理而成。

（一）1950～1959 年：根治水患、建设水库

新中国成立后，北京市着手对水环境污秽杂乱、河道行洪不畅等问题进行治理。1950 年疏浚了南、北长河，金河、三海、四海、东、西、南、北、前三门护城河，筒子河和内外金河。1951 年和 1952 年疏浚南旱河、玉渊潭、陶然亭湖、龙潭湖、清河、坝河、通惠河、凉水河，紫竹院"废田还湖"，开挖了由莲花池至石景山地区的新开渠。1955 年，开挖了南护城河西南角至凉水河的分洪道（北京市地方志编纂委员会，2000）。

1951 年，开始着手治理永定河水患。首先是控制上游洪水，于 1954 年建成官厅水库，然后在上游桑干河上建册田水库，洋河上建友谊水库，在门头沟区清水河上建斋堂水库，永定河上游洪水得到基本控制（焦志忠，2008）。

1958 年，开始兴建密云水库来根治潮白河水患。1959 年 9 月 1 日，密云水库拦蓄洪水（北京水利史志编辑委员会，1987）。

1958 年，怀柔水库建成，初期为中型水库，库容为 0.98 亿 m³，主要用于防洪和灌溉。（北京水利史志编辑委员会，1987）

（二）1960～1969 年：东南郊除涝，营造水田

20 世纪 60 年代，北京市进行了大规模的东南郊除涝工程，一是先后疏浚了凉水河、温榆河、北运河、凤河、龙河等 13 条排水河道，扩大引水灌溉和排水除涝能力；二是先后开挖了京密引水渠、永定河引水渠、新凤河及凤港、运潮两减河，同时还开挖了大量的干、支排水沟，初步形成了除涝排水系统，解除涝渍灾害的同时，还形成引水灌溉系统，营造水田（焦志忠，2008）。

20 世纪 60 年代中期，郊区形成了六大灌区。一是东南郊灌区；二是大兴南郊灌区；三是怀柔、顺义平原灌区；四是昌平平原灌区；五是房山平原灌区；六是海淀山前灌区。

（三）1970～1979 年：水库污染、缺水开端

20 世纪 70 年代开始，随着水库上游地区经济发展和城市建设，工业废水和农药、化肥施用量的逐年增加，水库水质受到污染，水质逐年恶化。

1971 年，官厅水库水色浑黄，时有死鱼漂浮水面，检测出酚、氰、汞、铬等有毒物质。1974 年，经过三年努力，污染源基本得到控制，官厅水库水质恢

复到饮用水源标准（焦志忠，2008）。

20 世纪 60 年代末永定河出现断流；70 年代，断流已相当严重，全年断流282 天。

20 世纪 70 年代，潮白河出现断流。

从 20 世纪 70 年代开始，全市大量抽取地下水来满足工农业和生活的需要（北京市地方志编纂委员会，2003）。

水库污染、两河断流，大量开采地下水，拉开了北京市缺水的序幕（焦志忠，2008）。

（四）1980～1989 年：城市出现供水危机

1980 年和 1981 年两年，海河流域北部地区出现连续干旱枯水，官厅水库、密云水库来水量急剧衰减，两库汛期入库水量总计仅为 5.14 亿 m^3，相当于 20 世纪 80 年代平均入库的 1/4；1980 年 8 月初，密云水库蓄水位已降到死库容之下，官厅水库蓄水量仅 0.33 亿 m^3，水库几近干涸；1981 年国务院决定密云水库主要保证北京城市供水，天津改为由滦河供水（北京市水利局，1999）。

进入 20 世纪 80 年代，官厅水库水质再度恶化，发生多次水污染事件。1985 年年底到 1986 年初，以官厅水库为水源的长辛店、城子自来水厂，出现水色发黄现象，库水再度受到上游排泄工业废水污染，京西 130 万群众饮用水受到严重威胁（焦志忠，2008）。

20 世纪 80 年代，永定河断流长达 299 天。

20 世纪 80 年代中期，官厅、密云水库停止向农业供水，原来依靠地表水的大中型灌区，逐渐失去地表水源供应，只能依靠抽取地下水灌溉，北京地下水超采开始（焦志忠，2008）。

20 世纪 80 年代末，北京开始建设城市污水处理设施。方庄污水处理厂是北京市建设的第一座污水处理厂，但真正实现污水规模化处理的是高碑店污水处理厂。

（五）1990～1999 年：供给水源转变，地下水位下降

20 世纪 90 年代，官厅水库污染日趋严重。1991 年，水库水中的氨氮达5.16mg/L，水质污染严重，官厅水库供水水源中断，改由密云水库向城区供水，北京进入严重缺水阶段（焦志忠，2008）。

进入 20 世纪 90 年代，北京境内的永定河三家店以下河道流水全无，全年干涸。中期以后，官厅水库上游桑干河、洋河，密云水库上游白河、潮河在主汛期多次出现断流（焦志忠，2008）。

20 世纪 90 年代中后期，北京进入了一个严重枯水期，除 1996 年和 1998 年外，年降水量均低于多年平均降水量。全市用水只能通过开凿水井，超量开采地下水来缓解用水危机。

从 20 世纪 90 年代开始，北京市年抽取地下水 24 亿~28 亿 m^3，地下水位平均每年下降 0.4m，形成了超采漏斗区，其范围包括了城区、近郊区和大兴、通县、顺义、昌平及房山（北京市地方志编纂委员会，2000）。

（六）2000~2008 年：多年持续干旱，缺水形势日益严峻

1999~2007 年，北京市连续九年干旱，官厅、密云水库上游地区同样遭遇干旱，入境水量锐减，全市依靠开采地下水、牺牲生态环境用水艰难支撑。

2001 年 8 月初，北京城市河湖全面暴发水华；2003 年，官厅水库上游来水急剧衰减，7~8 月，主汛期连续断流 20 天。官厅水库蓄水不足 1 亿 m^3，有干库的危险。在北京连续干旱期间，用水告急情况接踵而至。密云水库蓄水告急，2003 年正值主汛期，北京大旱，河北北部地区大旱。从 2003 年年初到 7 月，降雨量仅 33mm。潮河、白河入库河道断流，密云水库蓄水量降至 7 亿 m^3，扣除死库容，可利用水量仅剩 2.5 亿 m^3（焦志忠，2008）。

2003 年，北京在郊区建设了怀柔、平谷、房山、昌平等四处应急水源，为北京城市日供水增加 95 万 m^3，相当于北京市日供水能力的 1/3。

2004 年建设小红门污水处理厂，北京建设完成九座城市污水处理厂，形成了城区污水处理主干体系。

2005~2008 年，北京建成 5 座再生水厂，实现污水深度净化处理规模化，年可利用再生水 6 亿 m^3（北京市水务局，2008）。

从 20 世纪 70 年代到 21 世纪初的 30 年，北京一步一步地成为严重缺水城市，北京水资源短缺，具有复合型缺水的典型特征。严重污染造成水质型缺水，上游地区用水急剧扩大和连年干旱少雨造成资源型缺水，一定时期设施和能力的不足造成工程型缺水。北京市进入历史上最严峻的缺水阶段（焦志忠，2008）。

二、典型水域湿地生态演变

（一）湿地演变

参照《湿地公约》湿地分类系统，建立代表北京区域性湿地的分类体系（宫兆宁等，2007）。如表1-2所示，北京湿地类型包括2个大类，7个二级类，11个三级类。

表1-2　北京湿地分类体系

一级	二级	三级	四级
自然湿地	河流	常年性河流	一级永久性河流
			二级支流
		季节性河流	一级季节性河流
			二级支流
		泛洪平原湿地	低河漫滩
		河谷	高河漫滩
			阶地
人工湿地	鱼虾蟹池		
	湖泊	永久性淡水湖	
		季节性淡水湖	
	稻田		
	水库	大型水库	
		中型水库	
		小型水库	
	人工河渠	人工运河	
		人工水渠	
	拦河坝		

资料来源：宫兆宁等，2007。

根据北京市遥感影像统计，北京湿地资源分布如图1-7所示，其中主要类型包括水库湖泊湿地、河流湿地和城市公园湿地。

图 1-7　北京湿地资源分布示意图

1. 水库湖泊湿地

北京水库湖泊湿地主要分布在北京北部和西部山区。2004 年水库湖泊湿地的水域面积约为 9229hm², 其中密云水库水面最大, 面积为 6245hm²。从 1984 ~ 2008 年北京地区各类湿地组成变化可以看出, 一般情况下, 水库湖泊湿地面积最大, 在 24 年湿地组成中所占的比例为 33% ~ 67%, 最高为 2008 年, 约占当年全部湿地面积的 67%。水库周边山区植被覆盖率较高, 水体清澈, 水体富营养化程度较低 (宫兆宁等, 2007)。

2. 河流湿地

北京分布着大小河流 200 余条, 它们分属于海河流域的大清河、永定河、北运河、潮白河及蓟运河五大水系，总流自西北向东南。在遥感影像上，自然弯曲呈条带状、斑块状分布，山地呈浅粉红色或暗红色（宫兆宁等，2007）。2008 年河流湿地的水体总面积约占当年全部湿地总面积的 31%。天然河流湿地主要分布在密云水库上游的潮河流域和白河流域，总体水质较好。河床两侧有较大面积的河漫滩分布，土地利用多是耕地，其中有少量水稻田。

3. 城市公园湿地

城市公园湿地属于典型的人工湿地，其水源主要来源于密云水库、官厅水库及地下水补给，其次是工厂排水及灌溉退水补给。这些湖泊早期形成于地下水溢出带、古河道的遗迹或者窑坑积水成湖（宫兆宁等，2007）。现在大多数湖泊，随着城市化发展都经过了人工修饰，改变了原有的自然面貌。公园湿地具有调洪排水、调节气候、美化城市、休闲娱乐等功能。公园湿地所占比例较小，最高值发生在 1984 年，占北京湿地面积的 2.87%（表 1-3）。

表 1-3　1984~2008 年北京市各类湿地比例　（单位:%）

年份	水库湖泊	河流湿地	人工水渠	坑塘稻田	公园湿地
1984	46	24	9	18	3
1989	49	15	5	29	2
1992	56	11	4	28	1
1996	33	14	4	47	2
1998	44	26	3	26	1
2002	46	17	5	30	2
2004	35	25	6	32	2
2008	67	31	0	0	2

注：表中 1984~2004 年数据来源于宫兆宁等，2007。

2008 年，耗水量大的水稻退出北京农业，京密引水渠沿线 7 万亩（1 亩 ≈ 0.067hm²）水稻全部改种其他节水作物，北京湿地仅包括水库湖泊湿地、河流湿地、公园湿地三类（图 1-8）。2008 年北京河流湿地面积 149.51km²，水库湿地面积 318.17km²，城市公园湿地面积 7.97km²，三类湿地面积合计 475.65km²，其中，水库湿地面积占总湿地面积的 67%，河流湿地面积占总湿地面积的 31%，公园湿地面积占总湿地面积的 2%，总湿地面积约占北京市总面积的 3.0%。

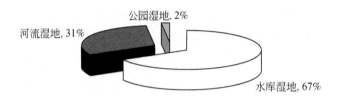

图 1-8　2008 年北京各类湿地占总湿地面积的比例

（二）典型水库的演变

官厅水库上游流域降水量从 20 世纪 50 年代到 20 世纪末年平均降雨量由 477mm 下降到 415mm；21 世纪初，连续 9 年出现干旱，年平均降雨量 375mm，较 20 世纪 50 年代减少了 102mm。从 20 世纪 50 年代至今，年平均降雨量减少了 21%，年入库水量由 5 亿 m³ 衰减到 1.5 亿 m³，减少近 70%，入库水量仅相当于原来的 1/12（图 1-9）。

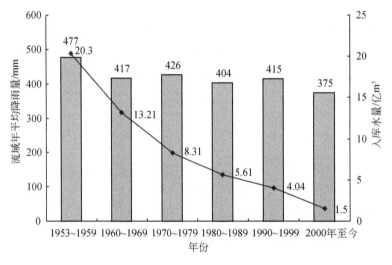

图 1-9　官厅水库入库水量情况

资料来源：焦志忠，2008。

密云水库上游流域降雨量变化较大。从 20 世纪 50 年代到 20 世纪末，年平均降雨量减少近 200mm，年入库水量由近 30 亿 m³ 减少到 13 亿 m³；经历 9 年干旱之后，年平均降雨量减少了 234mm，仅为 467mm，年入库水量由 6 亿 m³ 衰减到 3 亿 m³，入库水量仅相当于原来的 1/10（图 1-10）。

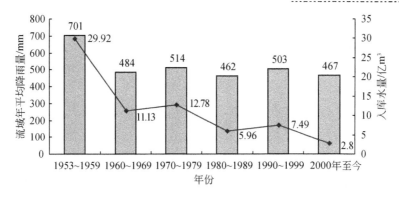

图 1-10 密云水库入库水量情况

资料来源：焦志忠，2008。

近年来，官厅水库、密云水库入库水量骤减，官厅水库蓄水量从 2000 年的 4.17 亿 m^3 减至 2008 年的 1.63 亿 m^3，2007 年低至 1.3 亿 m^3，仅为总库容的 3%。密云水库蓄水量从 2000 年的 15.41 亿 m^3，减至 2008 年的 11.3 亿 m^3，2003 年低至 7.23 亿 m^3，仅为总库容的 17%（图 1-11）。

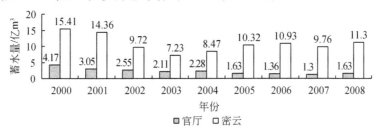

图 1-11 2000～2008 年官厅、密云水库蓄水量变化图

资料来源：北京水务统计资料。

（三）代表性河流演变

永定河、潮白河断流是判断北京市水资源形势的重要标志。永定河断流时间比潮白河早，早在 20 世纪 60 年代末就已出现；70 年代，永定河断流已相当严重，全年断流 282 天；80 年代，断流高达 299 天；90 年代，北京境内的永定河三家店以下河道断流，全年干涸（焦志忠，2008）。

潮白河断流始于 20 世纪 70 年代，80 年代平均每年断流 194 天；90 年代情况稍有好转，全年平均断流 109 天；进入 21 世纪，潮白河除境内下游河段夏季承接城区下排雨水之外，大部分干枯无水（焦志忠，2008）。

永定河、潮白河断流给北京水资源和生态环境带来了巨大影响。两河断流使北京城区和平原区失去了一个重要的地下水补给水源。永定河、潮白河河道无水，黄沙一片，每年冬春季节，北风一刮，沙尘迷漫，已成为北京当地的主要沙尘源。

三、地下水演变

20 世纪 50 年代，北京地下水开采较少，地下水的埋深很浅，东郊一带地下水的埋深只有 1m 左右（北京市地方志编纂委员会，2000）。

20 世纪 60 年代，北京市工业迅速发展，城市规模不断扩大，建设了多座利用地下水的水厂、多眼工业自备井和农业井，此阶段，地下水采补基本平衡（颜昌远，1999）。

进入 20 世纪 70 年代以后，城市各行业发展迅速，城区供水矛盾越来越突出，全市年开采地下水 20 亿 m^3，地下水位持续下降，全市地下水厂的供水能力降低为原来的 20% ~ 50%（颜昌远，1999）。

20 世纪 80 年代初，北京市出现连续 5 年（1980 ~ 1984 年）的干旱少雨天气，地下水补给量减少，开采量增加，出现最低水位；80 年代中期，由于降水量较大及水源八厂的投入使用，缓解了城近郊区的用水压力，地下水位略有回升；80 年代后期，地下水位持续下降，远郊区地下水集中开采区（如通州城关地区、顺义天竺地区、昌平沙河镇地区）水位下降最快，出现了地下水降落漏斗（北京市地方志编纂委员会，2000），如图 1-12 所示。

20 世纪 90 年代，地下水开采量基本得到控制，1994 ~ 1998 年出现四个丰水年，地下水位较稳定，但在顺义、通州等地下水集中开采区承压水位仍在持续下降；90 年代后期至今，由于连年的干旱少雨，地下水水位普遍下降，很多地方达到历史最低水位（北京市地方志编纂委员会，2000），如图 1-13 所示。

进入 21 世纪，地下水位平均每年下降 1.3m。目前，全市地下水位平均埋深 23m，与 20 世纪 60 年代相比，下降近 18m 之多，以朝阳区红庙一带为中心，形成了 2000km^2 的地下水超采"漏斗区"（焦志忠，2008）。

2008 年 6 月底，北京地下水平均埋深达到 24.01m，是自有观测资料以来的最大值（北京市水务局，2008）。

2008 年年末，北京地下水平均埋深为 22.92m，与 1980 年年末比较，地下水

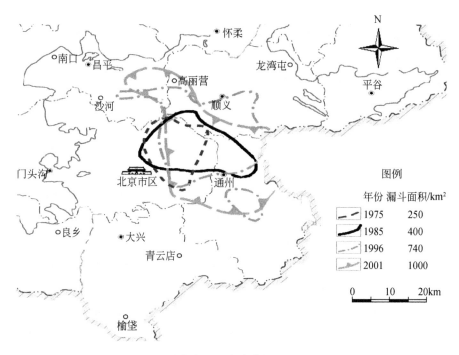

图 1-12 北京市地下水降落漏斗发展变化图

资料来源：中国地质环境监测院田廷山在"2009 北京水战略研讨会"

上所作的《北京市地下水资源动态》报告。

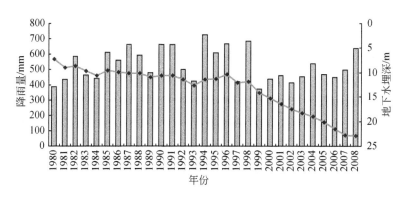

图 1-13 1980～2008 年降雨量、地下水埋深演变趋势图

位下降 15.68m，储量减少 80.3 亿 m³；与 1960 年比较，地下水位下降 19.73m，储量减少 101.0 亿 m³（北京市水务局，2008）。

2008 年，地下水严重下降区（埋深大于 10m）的面积为 5251km²；地下水降落漏斗（最高闭合等水位线）面积 1029km²，漏斗中心主要分布在朝阳区的黄港至长店一带（北京市水务局，2008）。

第二章　水生态服务价值评估进展

第一节　水生态服务功能内涵

生态系统为人类提供了产品和生存环境两个方面的多种服务功能，大量研究表明，生态系统服务功能是人类社会赖以生存和发展的基础（Ehrlich and Ehrlich，1992；Constanza et al.，1997；Daily，1997；MA，2005；Le Maitre et al.，2007）。生态系统服务功能也因此成为生态学及相关学科研究的热点问题之一。近年来国内外学者围绕生态系统服务功能内涵、生态系统服务功能类型划分、生态系统服务功能及其经济价值评价等方面开展了大量研究（Daily，1997；Daily et al.，2000；Heal，1999；Millennium Ecosystem Assessment，2003；Biggs et al.，2004；Kremen，2005；郭中伟等，1998；欧阳志云等，1999a，1999b；薛达元等，2000；赵同谦等，2004；National Research Council of the National Academies，2005）。这些研究为生态系统服务功能保育和管理提供了生态学基础。

水作为一种特殊的生态资源，是支撑整个地球生命系统的基础，水生态系统不仅提供了维持人类生活和生产活动的基础产品，还具有维持自然生态系统结构、生态过程与区域生态环境的功能。随着经济的飞速发展、人口的急剧增加，人类对水资源的各种服务需求越来越高，而水资源量是有限的，不同的水资源利用方式往往相互冲突、相互竞争。在我国，许多地区水资源过度开发，忽视生态系统的需水要求以及水的生态服务功能，导致河流断流、湿地丧失、区域生态环境退化、生物多样性受到威胁，如何协调水资源的直接利用和维持水的生态服务功能已成为水资源管理所面临的挑战。对水体生态系统的各项服务功能的定量评价有助于全面地认识水资源的价值（李文华等，2002），通过科学合理地利用水资源，达到水资源利用的生态效益和经济效益最优化，这对水资源保护及其科学利用具有重要意义；同时，水生态系统服务功能价值评价又是水资源纳入国民经济核算体系的前提，是进行水利建设和开发等宏观决策的基础。

水生态服务功能是指水生态系统及其生态过程所形成及所维持的人类赖以生存的自然环境条件与效用。它不仅是人类社会经济的基础资源，还维持了人类赖以生存与发展的生态环境条件。根据水生态系统提供服务的机制、类型和效用，把水生态系统的服务功能划分为提供产品、调节功能、文化功能和生命支持功能四大类（Sub-Global Assessment Selection Working Group of the Millennium Ecosystem Assessment，2001）。

一、提供产品

生态系统产品是指生态系统所产生的，通过提供直接产品或服务维持人的生活生产活动、为人类带来直接利益的因子，它包括食品、医用药品、加工原料、动力工具、欣赏景观等。水生态系统提供的产品主要包括人类生活及生产用水、水力发电、内陆航运、水产品生产、基因资源等。

二、调节功能

调节功能是指人类从生态系统的调节作用中获取的服务功能和利益。水生态系统的调节作用主要包括水文调节、河流输送营养物质、水质净化、空气净化、气候调节等。

（1）水文调节：湖泊、沼泽等湿地对河川径流起到重要的调节作用，可以削减洪峰、滞后洪水过程，从而均化洪水，减少洪水造成的经济损失。

（2）河流输送：河流具有输沙、输送营养物质、淤积造陆等一系列的生态服务功能。河水流动中，能冲刷河床上的泥沙，达到疏通河道的作用，河流水量减少将导致泥沙沉积、河床抬高、湖泊变浅，使调蓄洪水和行洪能力大大降低；河流携带并输送大量营养物质如 C、N、P 等，是全球生物地球化学循环的重要环节，也是海洋生态系统营养物质的主要来源，对维系近海生态系统高的生产力起着关键的作用；河流携带的泥沙在入海口处沉降淤积，不断形成新的陆地，一方面增加了土地面积，另一方面也可以保护海岸带免受风浪侵蚀。

（3）水资源蓄积与调节：湖泊、沼泽蓄积大量的淡水资源，从而起到补充和调节河川径流及地下水的作用，对维持水生态系统的结构、功能和生态过程具有至关重要的意义。

（4）侵蚀控制：河川径流进入湖泊、沼泽后，水流分散、流速下降，河水中携带的泥沙会沉积下来，从而起到截留泥沙、避免土壤流失、淤积造陆的功能。此功能的负效应是湿地调蓄洪水能力的下降。

（5）水质净化：水提供或维持了良好的污染物质物理化学代谢环境，提高了区域环境的净化能力。水体生物从周围环境吸收的化学物质，主要是它所需要的营养物质，但也包括它不需要的或有害的化学物质，从而形成了污染物的迁移、转化、分散、富集过程，污染物的形态、化学组成和性质随之发生一系列变化，最终起到净化作用。另外，进入水体生态系统的许多污染物质吸附在沉积物表面并随颗粒物沉积下来，从而实现污染物的固定和缓慢转化。

（6）空气净化：水体通过水面蒸发和植物蒸腾作用可以增加区域空气湿度，有利于空气中污染物质的去除，使空气得到净化。例如，湿度增加能够大大缩短 SO_2 在空气中的存留时间，能够加速空气中颗粒物的沉降过程，促进空气中多种污染物的分解转化等。

（7）气候调节：水体的绿色植物和藻类通过光合作用固定大气中的 CO_2，将生成的有机物质储存在自身组织中的过程；同时，泥炭沼泽累积并储存大量的碳作为土壤有机质，一定程度上起到了固定并持有碳的作用，因此水生态系统对全球 CO_2 浓度的升高具有巨大的缓冲作用。此外，水生态系统对稳定区域气候、调节局部气候有显著作用，能够提高湿度、诱发降雨，对温度、降水和气流产生影响，可以缓冲极端气候对人类的不利影响。

三、文化功能

文化功能是指人类通过认知发展、主观映象、消遣娱乐和美学体验，从自然生态系统获得的非物质利益。水生态系统的文化功能主要包括文化多样性、教育价值、灵感启发、美学价值、文化遗产价值、娱乐和生态旅游价值等。水作为一类自然风景的灵魂，其娱乐服务功能是巨大的，同时，作为一种独特的地理单元和生存环境，水生态系统对形成独特的传统、文化类型影响很大。

四、生命支持功能

生命支持功能是指维持自然生态过程与区域生态环境条件的功能，是上述服务功能产生的基础，与其他服务功能类型不同的是，它们对人类的影响是间接的，有的需要经过较长时间才能显现出来，如土壤形成与保持、氮循环、水循环、初级生产力和提供生境等。以提供生境为例，湿地以其高景观异质性为各种水生生物提供生境，是野生动物栖息、繁衍、迁徙和越冬的基地，一些水体是珍稀濒危水禽的中转停歇站，还有一些水体养育了许多珍稀的两栖类和鱼类特有种。

第二节　水生态服务价值研究进展

　　水生态服务的生态经济价值评价有助于在科学认识水资源价值的基础上合理利用水资源，加强水资源的保护。国外对湿地效益的评价工作开展得较早，20世纪初，美国为了建立野生动物保护区特别是迁徙鸟类、珍稀动物保护区而开展了湿地评价工作。20世纪70年代初，美国马萨诸塞大学（UMASS）Larson 提出了湿地快速评价模型，强调根据湿地类型评价湿地的功能，并以受到人类活动干扰的自然和人工湿地为参照，该模型在美国和加拿大国家得到广泛的应用，并进一步被推广和应用到许多发展中国家（Brown et al.，1992）。1972年，Young 等（1972）就对水的娱乐价值进行了评价，以后有许多研究对不同河流的娱乐经济价值以及河流径流、水环境质量对娱乐价值的影响开展了评价（Daubert and Young，1981；Word，1987；Moore et al.，1990；Hansen and Hallam，1990；Duffield et al.，1992；Kulshreshtha and Gillies，1993；Bowker et al.，1996）。Wilson 等（1999）对美国1971~1997年的淡水生态系统服务经济价值评估研究作了总结回顾，其中大多数研究涉及河流生态系统的娱乐功能评估。Ewel（1997）列举出了主要的湿地生态系统提供的三大类（生物多样性、水资源、生物地球化学循环）11亚类服务功能；Woodward（2001）将 Larson 等人提出的17种湿地生态系统服务功能归纳为10类，并给出了其内容和适用的价值评价方法（表2-1）。此后，湿地生态经济效益评价得到广泛的重视，评价方法也取得了很大进展，并为湿地生态系统的管理提供基础。

表2-1　湿地生态系统服务功能类型

功能	有价值的产品和服务	价值评价方法
地下水补给	增加水量	NFI 或 RC
地下水排泄	增加下游渔业生产	NFI、RC 或 TC

功能	有价值的产品和服务	价值评价方法
水质控制	水质净化成本减少	NFI 或 RC
养分储留、迁移和转化	水质净化成本减少	NFI 或 RC
水生生物生境	提高商业和（或）娱乐渔业	NFI、RC、TC 或 CV
陆生或鸟类生境	野生动物娱乐观赏和狩猎	TC 或 CV
生物量生产和输出	食物纤维生产	NFI
洪水控制和暴雨减缓	减少洪水和严重暴雨损失	NFIH 或 RC
沉积物稳定化	减少侵蚀	NFI 或 RC
综合环境（overall environment）	为周围提供宜人环境的价值	HP

注：NFI—net factor income（净因子收益法）；RC—replacement cost（替代成本法）；TC—travel cost（旅行费用法）；CV—contingent valuation（条件价值法）；HP—hedonic pricing（特征价格法）。

资料来源：Woodward，2001。

我国的水生态服务价值评估起步相对较晚，鲁春霞等（2001）对河流生态系统休闲娱乐功能的内涵、服务功能、经济价值的构成及影响河流休闲娱乐功能正常发挥的因素进行了阐述。侯小阁等（2003）对长春市水生态系统的各项服务功能进行估算累加，得出1990～2000 年 10 年间长春市水生态系统服务功能的价值量大大削减。赵同谦等（2003）将我国陆地水生态系统分为河流、水库、湖泊、沼泽 4 个类型，结合基础数据的可获性，建立由生活及工农业供水、水力发电、内陆航运、水产品生产、休闲娱乐 5 个直接使用价值指标和调蓄洪水、河流输沙、蓄积水分、保持土壤、净化水质、固定碳、维持生物多样性 7 个间接使用价值指标构成的评价指标体系，以 2000 年的数据为基准，得出全国陆地地表水水生态系统直接使用价值为 4263.91 亿元，间接使用价值为 5546.92 亿元，总价值为 9810.83 亿元，相当于 2000 年我国国内生产总值的 10.97%。欧阳志云等（2004）将我国陆地水生态系统分为河流、水库、湖泊、沼泽 4 个类型，建立由调蓄洪水、疏通河道、水资源蓄积、土壤持留、净化环境、固定碳、提供生境、休闲娱乐 8 项功能构成的水生态系统间接价值评价指标体系，得到我国陆地水生态系统服务功能的间接价值为 6038.78 亿元，相当于供水、发电、航运、水产品生产等水生态系统提供的直接使用价值的 1.6 倍。黄瑜等（2004）就城市小水系生态系服务功能及价值评估方法进行研究，形成了城市水生态系统服务功能评估的初步构想。佟才（2004）在流域用水结构和水质变化分析基础上，对松花江水生态系统进行能值分析，计算得出松花江水生态系统生物物种能值货币价值为3.917亿元，水资源量经济价值2.04万亿元。上述这些研究明晰了水生态系统服务功能的内涵，并评价了区域或我国水生态服务功能的生态经济价值，为明确水生态服务功能、水资源有效管理和区域生态环境保护提供了生态学依据。

　　除此之外，我国学者对湿地生态系统服务功能价值评价也相继开展了一系列研究。崔保山等（2001）对吉林省5个典型湿地区的效益进行了比较分析，对于正确管理和合理保护湿地提供了科学依据。辛琨和肖笃宁（2002）综合运用环境经济学、资源经济学、模糊数学等研究方法，对盘锦地区湿地的生态系统服务功能价值进行了估算。崔丽娟等（2002）采用市场价值法、费用支出法、旅行费用法、影子价格法等不同的方法，对扎龙湿地的使用价值进行了货币化评估，并采用条件价值评估法（CVM法）对扎龙湿地非使用价值进行了评价，评价结果表明：扎龙湿地的总价值达156.47亿元，其中，使用价值达112.66亿元，非使用价值达43.81亿元。吴玲玲等（2003）对长江口湿地生态系统服务功能价值进行了评估，并在此基础上提出对生态系统服务价值的利用应本着可持续发展的原则。庄大昌等（2003）研究了洞庭湖湿地各项湿地生态服务功能受损所造成的经济价值损失量。李建国等（2005）将白洋淀湿地与盘锦湿地、扎龙湿地和洞庭湖湿地的研究结果进行了比较分析。Tong等（2007）也对三垟湿地的当前价值与潜在价值进行了评估，得出三垟湿地需要恢复其89.5%的生态服务功能价值才能达到其潜在值。张修峰等（2007）以肇庆仙女湖为例对城市湖泊退化过程中水生态系统服务功能价值演变进行了评估。崔文彦等（2007）采用Costanza等（1997）的评价标准，比较了海河流域12个主要湿地不同年代生态系统服务功能价值。Chen等（2008）则对人工湿地的生态服务功能价值进行了研究，并且对人工湿地、人为干扰湿地以及天然湿地的净生态服务功能价值进行了对比研究。这些研究为湿地生态系统的科学管理、合理保护奠定了基础。

　　跟其他生态系统服务功能一样，水生态服务功能极其复杂。一类水生态系统服务可能是几种生态系统功能的综合产物，而一类水生态系统功能也可以提供多种生态系统服务（Costanza et al.，1997），由于人为无法区分水生态的一些服务功能，因此对水的生态系统服务功能的价值进行全面而又准确的评估非常困难（谢高地等，2001a），而且造成了水生态系统服务功能价值的重复计算（De Groot et al.，2002；Wallace，2007），只有对水生态系统服务功能进行合理分类，弄清楚水生态系统给人类提供利益的每个点，才可以避免水生态系统服务功能价值的重复计算（Wallace，2007），水生态系统服务功能价值评价才会准确，否则，其评价结果将缺乏可信性。

第三节　水生态服务评价方法

生态系统服务功能评价可以以生态学为基础对从生态系统提供的产品与服务的物质数量进行评价，即物质量评价，以及可以对这些产品和服务进行经济评价，即价值量评价（赵景柱等，2000）。因此，水生态系统服务评价主要包括物质量评价与价值量评价。

一、物质量评价

物质量评价主要是从生态学的角度对生态系统提供的各项服务进行定量评价，即根据不同区域、不同生态系统的结构、功能和过程，以生态系统服务功能机制出发，利用适宜的定量方法确定产生的服务的物质数量。物质量评价的特点是能够比较客观地反映生态系统的生态过程，进而反映生态系统的可持续性。运用物质量评价方法对生态系统服务功能进行评价，其评价结果比较直观，且仅与生态系统自身状况和提供服务功能的能力有关，不会受市场价格不统一和波动的影响。物质量评价特别适合于同一生态系统不同时段提供服务功能能力的比较研究，以及不同生态系统所提供的同一项服务功能能力的比较研究，它是生态系统服务功能评价研究的重要手段。

物质量评价是以生态系统服务功能机制研究为理论基础的，生态系统服务功能机制研究程度决定了物质量评价的可行性和结果的准确性。物质量评价采用的手段和方法主要包括定位实验研究、遥感、地理信息系统（GIS）、调查统计等，其中，定位实验研究是主要的服务功能机制研究手段和技术参数获取手段，遥感（RS）和调查统计则是主要的数据来源，GIS为物质量评价提供了良好的技术平台，但是不同尺度基础数据的转换和使用方法尚有待进一步研究。物质量评价研究往往需要耗费大量的人力、物力和资金支持。物质量评价是价值量评价的基础。

单纯利用物质量评价方法也有局限性，主要表现在其结果不直观，不易引起全社会的关注，并且由于各单项生态系统服务功能量纲不同，所以无法进行加总，从而无法评价某一生态系统的综合服务功能（肖寒，2001）。

评价过程中，生态系统类型不同、服务功能不同，其物质量评价方法存在着极大的差异，这里不作具体阐述。

二、价值量评价

价值量评价方法主要是利用一些经济学方法将服务功能价值化的过程，许多学者对价值评价方法进行了探索性研究（方金昌等，1999），但是由于生态系统提供服务的特殊性和复杂性，其评价和价值计量至今仍是一件十分困难的事情。

生态系统服务功能的价值可以分为直接利用价值、间接利用价值、选择价值与存在价值。生态系统服务功能价值评估方法，因其功能类型不同而异。

（1）直接利用价值：主要是指生态系统产品所产生的价值，它包括人类生活及生产用水、水产品生产、水力发电、内陆航运等带来的直接价值。直接使用价值可用产品的市场价格来估计。

（2）间接利用价值：主要是指无法商品化的生态系统服务功能，如水文循环、河流输沙、侵蚀控制、气候调节等支撑与维持地球生命支持系统的功能。间接利用价值的评估常常需要根据生态系统功能的类型来确定，通常有防护费用法、恢复费用法、替代市场法等。

（3）选择价值：选择价值是人们为了将来能直接利用与间接利用某种生态系统服务功能的支付意愿。例如，人们为将来能利用水生态系统的净化大气以及游憩娱乐等功能的支付意愿。人们常把选择价值喻为保险公司，即人们为确保自己将来能利用某种资源或效益而愿意支付的一笔保险金。选择价值又可分为3类，即自己将来利用；子孙后代将来利用，又称为遗产价值；别人将来利用，也称为替代消费。

（4）存在价值：存在价值也称内在价值，是人们为确保生态系统服务功能能继续存在的支付意愿。存在价值是生态系统本身具有的价值，是一种与人类利用无关的经济价值。换句话说，即使人类不存在，存在价值仍然有，如提供生境、水循环等生态系统结构与生态过程。存在价值是介于经济价值与生态价值之间的一种过渡性价值，它可为经济学家和生态学家提供共同的价值观。

根据已有的生态系统服务功能价值评价技术和评价方法，结合生态系统服务与自然资本的市场发育程度，可将价值评价方法划分为市场价值法（direct market valuation）、替代市场价值法（indirect market valuation）和假想市场法（surrogate market valuation）三大类，具体的一些生态系统服务功能的评价技术则包括市场价值法（direct market valuation）、机会成本法（opportunity cost approach）、影子价格法（shadow price）、替代工程法（replacement engineering）、替代成本法（replacement cost）、因子收益法（factor income）、人力资本法（human capital）、特征价格法（hedonic pricing）、旅行费用法（travel cost）、条件价值法（contingent valuation）和群体价值法（group valuation）等，这些经济学评价方法的主要特点见表2-2。每种方法都有各自的优缺点，而每种服务有一套适合的评价方法，部分服务功能的评价可能需要几种评价方法的结合使用。

表2-2　生态系统服务功能主要价值评价方法

类型	具体评价方法	方法特点
市场价值法	生产要素价格不变	将生态系统作为生产中的一个要素，其变化影响产量和预期收益的变化
	生产要素价格变化	
替代市场价值法	机会成本法（OC）	以其他利用方案中的最大经济效益作为该选择的机会成本
	影子价格法（SV）	以市场上相同产品的价格进行估算
	替代工程法（RE）	以替代工程建造费用进行估算
	防护费用法（AC）	以消除或减少该问题而承担的费用进行估算
	恢复费用法（RC）	以恢复原有状况需承担的治理费用进行估算
	因子收益法（FI）	以因生态系统服务而增加的收益进行估算
	人力资本法（HC）	通过市场价格或工资来确定个人对社会的潜在贡献，并以此来估算生态服务对人体健康的贡献
	特征价格法（HP）	以生态环境变化对产品或生产要素价格的影响来进行估算
	旅行费用法（TC）	以游客旅行费用、时间成本及消费者剩余进行估算
假想市场价值法	条件价值法（CV）	以直接调查得到的消费者支付意愿（WTP）或最小受偿意愿（WTA）来进行价值计量
	群体价值法（GV）	通过小组群体辩论以民主的方式确定价值或进行决策

综上所述，在估算北京水生态功能服务货币化价值时，应该尽可能地采用市场价值法；如果采用市场价值法条件不具备，则采用替代市场价值法；只有在上述两类方法都不具备时，才采用假想市场法（表2-3）。

表 2-3　水生态服务价值评估方法的比较

类型	适用范围	评价方法	优点	缺点
市场价值法	有充分的市场价格和信息反映环境资源价值变动	市场价值或生产法、人力资本法或收入损失法、防护费用法、恢复费用法或替代成本法、影子价格法	直接客观,可信度高	对数据要求高,不容易实现
替代市场价值法	可以部分地、间接地反映环境资源价值变动的商品和劳务	后果阻止法、资产价值法、工资差额法、旅行费用法和房地产法	较为客观,可信度较高	对数据要求较高,结果容易偏离实际
假想市场价值法	缺乏可以直接或者间接反映环境资源价值变动	价格博弈法和权衡博弈法	可用于评价缺乏相关资料、难以评估的环境资源价值变动	容易受被调查人员主观因素影响,准确性较差

第三章 北京水生态服务功能内涵及形成机理

第一节 北京水生态服务功能的内涵与分类

北京水生态系统是指在北京境内的水域中的生物群落及其水环境互相作用构成的具有一定结构和功能的整体，包括北京市内所有的河流、湖泊、水库、湿地等。

水生态系统服务功能（water ecosystem services）是指水生态系统与生态过程所形成的维持人类赖以生存的自然环境条件和效用（Daily，1997；欧阳志云等，2004）。简单地说，水生态服务是指人类从水生态系统中获得的利益，包括水生态系统为人类提供生活、生产等所必需的资源和产品，以及调蓄洪水、水质净化、预防地面沉降、保护生物多样性、调节气候、旅游娱乐、水文化传承等方面的生态调节功能、生态支持功能和文化服务功能。随着水生态系统的退化和水生态环境问题的加剧，人们逐步认识到水生态服务功能的退化或丧失已导致人类福祉的下降，甚至威胁人类的生存与发展。

北京水生态服务功能是指水及水生态系统为北京市居民与经济社会文化发展提供的环境条件及效用。结合北京水生态系统的功能、属性和用途，采用联合国千年生态系统评估（millennium ecosystems assessment）的分类方法，将北京水生态服务功能划分为提供产品功能（provisioning services）、调节功能（regulating services）、支持功能（supporting services）、文化服务功能（cultural services）4大类服务功能进行研究（图3-1）。

（1）水生态提供产品功能：指水生态系统提供的可以进行市场交换的产品，主要包括为（北京市居民）生产和生活提供的水资源、水电、水源地温以及鱼、水生蔬菜和水生花卉等水产品。

（2）水生态调节功能：指水生态系统通过其生态过程所形成的有利于（北京市）生产与生活的环境条件与效用，主要包括地表水调蓄、地下水调蓄与补

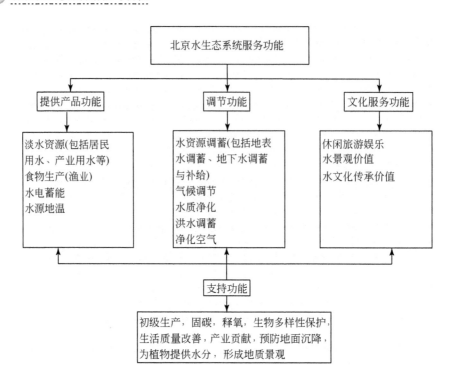

图 3-1　北京水生态系统服务功能示意图

给、水质净化、气候调节、洪水调蓄、净化空气等功能。

（3）水生态支持功能：指水生态系统所形成的支撑（北京市）发展的条件与效用，主要包括水生态系统的初级生产、固碳、释氧、为水生生物提供生境、保持生物多样性，以及改善居民生活质量、为工业和农业等产业创造生产条件、预防地面沉降、形成地质景观等。

（4）水生态文化服务功能：指水生态系统的美学、文化、教育功能，主要包括休闲旅游娱乐、水景观价值和水的文化传承价值等。

北京水生态服务功能为北京城市发展提供了巨大的直接和间接经济价值。

第二节　提供产品功能

水及水生态系统具有提供产品的功能，水的提供产品功能是指水及水生态系统提供的可以用于市场交换的产品，这些产品用以维持人的生活、生产活动，为人类带来直接利益。北京水生态系统提供的产品主要有居民生活用水、产业用水、渔业产品、水电蓄能以及水源地温 5 个方面（图 3-2）。

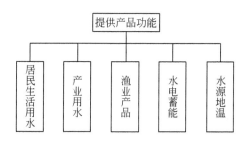

图 3-2　北京市水生态系统提供产品功能构成

一、居民生活用水

居民通过取水设施和取水系统取用水资源，用以满足日常饮用、洗涤、冲厕、牲畜用水等基本需求。这体现了水及水生态系统的最直接的提供产品的服务功能。据统计，2008 年北京市居民家庭生活用水量合计 7.45 亿 m^3。其中，农村居民家庭生活和城镇居民家庭生活的用水量分别为 2.02 亿 m^3 和 5.43 亿 m^3。

北京地区的水资源主要为大气降水产生的地表水和地下水。随着北京城市的不断发展，人们用水来源也在不断发生着变化。据《北京供水志》（1908 ~ 1995）记载，在北京城市 3000 多年的建设史中，有 1700 多年的水源建设史。特别是 800 多年前北京作为都城以后，曾大规模进行过水源建设。金、元两朝都曾先后三次由永定河引水，一次由昌平白浮泉引水。清宣统二年（1910 年），北京有了城市公共供水——自来水，其水源取自孙河（今温榆河）地表水。民国三十一年（1942 年），该水源行将枯竭，开始转向以地下水为主要水源。1954 年、1960 年先后建成了官厅水库和密云水库，并先后建成了永定河引水渠和京密引水渠，为城市用水开辟了第二水源。随着用水需求的不断扩大，到 20 世纪 70 年代末，建设了以地下水为水源的公共供水厂、自备水源井及农用机井。由于连年开采地下水，地下水位逐年下降，在严峻的水资源短缺的形势下，北京开始寻找更多的水源以满足人们生活用水需求。目前，北京市居民生活取水来源于地表水和地下水，取水形式包括水厂、自备井和机井等。

随着北京城市化速度不断加快，人口不断增长，人均生活用水量也随之不断提高。根据《北京水利志稿》（1949 ~ 1985）记载，1949 年北京城市生活用水量全年只有 0.08 亿 m³，随着新中国成立初期北京城市大规模建设，生活用水量迅速增长，1959 年用水量达到 0.99 亿 m³，是 1949 年的 12 倍。1960 年以后，北京人口增长速度减慢，城市建设速度也相对稳定，到 1980 年，总用水量达到 3.5 亿 m³。此后，政府采取节水措施，北京市生活总用水量增长幅度减弱，但由于城市人口的不断增长和生活水平的提高，用水总量仍然呈逐年上升的趋势，到 2008 年北京市生活用水量已达到 14.7 亿 m³，是 1949 年的 184 倍（表 3-1）。北京城区生活用水量占北京市总用水量的比重呈整体上升趋势，从 1988 年的 15% 增长到 2008 年的 42%，生活用水成为北京第一用水大户（图 3-3）。

表 3-1　1988～2008 年北京城区生活用水情况

年份	生活用水量 /亿 m³	总用水量 /亿 m³	所占比重 /%	年份	生活用水量 /亿 m³	总用水量 /亿 m³	所占比重 /%
1988	6.4	42.43	15.08	1999	12.7	41.71	30.45
1989	6.45	44.64	14.45	2000	12.96	40.40	32.08
1990	7.04	41.12	17.12	2001	12.05	38.93	30.95
1991	7.43	42.03	17.68	2002	10.83	34.62	31.28
1992	10.98	46.43	23.65	2003	12.65	35.80	35.34
1993	9.59	45.22	21.21	2004	12.78	34.55	36.99
1994	10.37	45.87	22.61	2005	13.35	34.15	39.09
1995	11.77	44.88	26.23	2006	13.7	34.30	39.94
1996	9.30	40.94	22.72	2007	13.89	34.80	39.91
1997	10.07	40.26	25.01	2008	14.7	35.12	41.86
1998	10.83	40.47	26.76				

注：表中的生活用水量除包括居民家庭生活用水外，还包括公共设施、市政建设等用水。

　　远郊城镇及农村生活用水的改善和提高同样发展很快，但由于农村地域广阔，农民居住多分散，不易统计其生活用水量，农村农民生活多计入农业用水中。

二、产业用水

　　水生态系统除了为居民提供必需的生活用水外，还为城市各产业部门提供生产用水，成为重要的生产要素。为产业部门提供产品的功能量可以用各个产业部

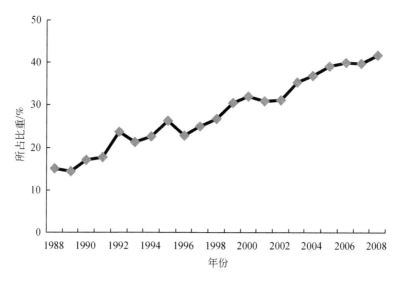

图 3-3　1988～2008 年北京城区生活用水占总用水量的比重

门的用水总量作为考量指标。

　　产业用水量按照国民经济行业分类（GB/T4754—2002），分别将第一产业、第二产业、第三产业用水量作为功能量进行评估①。2008 年北京市水生态系统提供的产业用水为 28.27 亿 m³，占北京市总用水量的 80.50%。其中，农业用水量为 11.98 亿 m³，工业用水量为 5.24 亿 m³，第三产业用水量为 11.05 亿 m³，分别占产业用水量的 42.38%、18.54% 和 39.09%。

（一）农业用水概况

　　农业用水主要用于农作物灌溉，小部分用于渔业、养殖业等。新中国成立初期，北京市农业灌溉面积极少。根据《北京水利志稿》（1949～1985），20 世纪 70～80 年代，小麦和水稻面积增加，蔬菜等农副业成为重点发展方向，农田灌溉面积增长到 500 多万亩，灌溉用水超过 20 亿 m³。自 20 世纪 90 年代以后，北

---

　　① 根据国民经济行业分类（GB/T4754—2002），三大产业划分范围如下：第一产业是指农、林、牧、渔业；第二产业是指采矿业，制造业，电力、燃气及水的生产和供应业，建筑业；第三产业是指除第一、二产业以外的其他行业。第三产业包括：交通运输、仓储和邮政业，信息传输、计算机服务和软件业，批发和零售业，住宿和餐饮业，金融业，房地产业，租赁和商务服务业，科学研究、技术服务和地质勘查业，水利、环境和公共设施管理业，居民服务和其他服务业，教育，卫生、社会保障和社会福利业，文化、体育和娱乐业，公共管理和社会组织，国际组织。

京市通过农业种植结构优化，节水灌溉等措施，农业用水量逐年下降（表3-2）。北京市农业用水的比重整体上呈现下降的趋势，从1989年的55%下降到2008年的34%（图3-4）。

表3-2 1988～2008年北京市农业用水情况

年份	农业用水量/亿 m³	总用水量/亿 m³	所占比重/%	年份	农业用水量/亿 m³	总用水量/亿 m³	所占比重/%
1988	21.99	42.43	51.83	1999	18.45	41.71	41.84
1989	24.42	44.64	54.70	2000	16.49	40.40	40.82
1990	21.74	41.12	52.87	2001	17.40	38.93	44.70
1991	22.70	42.03	54.01	2002	15.45	34.62	44.63
1992	19.94	46.43	42.95	2003	13.80	35.80	38.55
1993	20.35	45.22	45.00	2004	13.50	34.55	39.07
1994	20.93	45.87	45.63	2005	13.22	34.15	38.71
1995	19.33	44.88	43.07	2006	12.78	34.30	37.26
1996	18.95	40.94	45.41	2007	12.44	34.80	35.75
1997	18.12	40.26	45.01	2008	11.98	35.12	34.11
1998	17.39	40.47	42.97				

注：表中的农业用水量包括农村生活用水量。

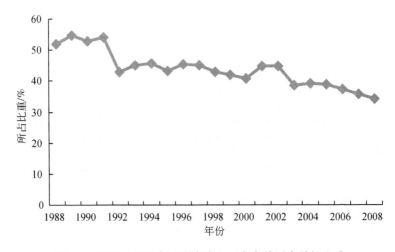

图3-4 1988～2008年北京市农业用水占总用水量的比重

（二）工业用水概况

据《北京水利志稿》（1949～1985）记载，新中国成立以前，北京是生产型城市，冶金、电力、化工、机械、纺织等各类大型工业迅速发展，工业用水量大幅度增加，年工业用水量为 0.31 亿 m^3。此后，北京工业发展很快，工业用水迅速增加，1960 年工业用水量达到 9.13 亿 m^3，到 1979 年，工业年用水量更是猛增到 14.38 亿 m^3，30 年增长了 40 多倍，成为仅次于农业的用水大户。1980 年以后的 20 年，各工业厂矿采取了节水措施，各种用水逐步实行统一管理，实行计划用水，1985 年工业用水降低到 10 亿 m^3 以下，节水效果最显著的是电力行业。2000 年以后，北京市加大了工业结构调整力度，优先发展了一批高新技术产业，优化改造传统优势产业，补充都市型工业，形成了一种新型产业结构，淘汰了一批高耗水、低效益的造纸、纺织、印染等行业，工业用水量逐渐减少（表 3-3）。1988～2008 年，北京市工业用水在总用水量中的比重整体呈现下降的趋势，且下降速度较快，从 1988 年的 33% 下降到 2008 年的 15%（图 3-5）。

表 3-3　1988～2008 年北京市工业用水情况

年份	工业用水量 /亿 m^3	总用水量 /亿 m^3	所占比重 /%	年份	工业用水量 /亿 m^3	总用水量 /亿 m^3	所占比重 /%
1988	14.04	42.43	33.09	1999	10.55	41.71	25.29
1989	13.77	44.64	30.85	2000	10.52	40.40	26.04
1990	12.34	41.12	30.01	2001	9.18	38.93	23.58
1991	11.90	42.03	28.31	2002	7.54	34.62	21.78
1992	15.51	46.43	33.41	2003	8.40	35.80	23.46
1993	15.28	45.22	33.79	2004	7.66	34.55	22.17
1994	14.57	45.87	31.76	2005	6.47	34.15	18.95
1995	13.78	44.88	30.70	2006	6.20	34.30	18.08
1996	11.76	40.94	28.72	2007	5.75	34.80	16.52
1997	11.00	40.26	27.32	2008	5.24	35.12	14.92
1998	10.84	40.47	26.79				

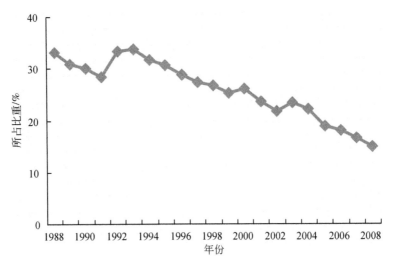

图 3-5　1988～2008 年北京市工业用水占总用水量的比重

（三）第三产业用水概况

北京市第三产业用水主要包括宾馆饭店、教育事业、行政事业等产业的用水。新中国成立以来，北京市进行了产业结构大调整，取得显著成效，从第一产业的"一枝独秀"转变为现在的第三产业雄起（于华鹏，2009）。根据《2008 年北京国民经济和社会发展统计公报》显示，北京市三次产业的比例从 1952 年的 22.2∶38.7∶39.1，调整为 2008 年的 1.1∶25.7∶73.2。第三产业的快速发展，导致第三产业用水量持续提高（表 3-4）。1999 年以后第三产业用水量整体呈上升趋势，2005 年产业结构调整后，增长幅度最大（图 3-6）。

表 3-4　1999～2008 年北京城区自来水售水中第三产业各个行业用水情况

（单位：亿 m³）

年份	宾馆饭店	教育事业	行政事业	其他	合计
1999	0.41	0.24	0.25	1.44	2.34
2000	0.42	0.25	0.36	1.31	2.34
2001	0.41	0.23	0.41	1.21	2.26
2002	0.48	0.23	0.48	1.33	2.52
2003	0.50	0.25	0.51	1.63	2.89

年份	宾馆饭店	教育事业	行政事业	其他	合计
2004	0.52	0.29	0.57	1.43	2.81
2005	0.53	0.30	0.62	1.45	2.90
2006	0.74	0.42	0.87	2.03	4.06
2007	0.75	0.43	0.88	2.06	4.12
2008	0.77	0.44	0.90	2.11	4.22

注：其他项包括环卫绿化、娱乐业、商业、卫生事业、金融保险、房地产等。

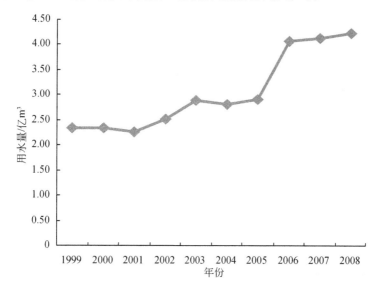

图 3-6　1999～2008 年北京城区自来水售水中第三产业用水量变化情况

2008 年北京水生态提供的第三产业用水量为 11.05 亿 m³，为了便于体现水生态系统对各个行业提供的水资源价值，将第三产业的行业用水按水价定价体系分类整理，主要包括行政事业、工商业、餐饮业、洗浴业和环境用水等。其中，行政事业和环境用水量最大，分别为 37 546 万 m³ 和 32 194 万 m³，分别占第三产业总用水量的 33.93% 和 29.05%（表3-5）。

表 3-5　2008 年北京市第三产业中各行业的用水量（单位：万 m³）

行业类型	行政事业	工商业	餐饮业	洗浴业	洗车业	环境用水
用水量	37 546	25 163	15 255	289.6	7.83	32 194
合计	110 463					

三、渔业产品

通过在水库、湖泊、河流、池塘等水环境中养殖各种鱼类，养殖莲藕、花卉等水生植物，水生态系统为北京居民提供了鱼类、水生花卉和莲藕等水产品。

据《北京农村年鉴》（1991～2009）统计，1990～2001 年北京市淡水渔业得到长足发展，养殖面积基本稳定在 2.2 万 hm² 以上。1993 年北京渔业进行了结构调整，增加养殖品种，转换机制，鱼成品总产量首次突破 7 万 t；1995 年北京渔业在 1993 年的基础上扩大经营，出现"四季有鱼"的局面，鱼成品产量突破 8 万 t，创历史最高水平（表 3-6）。2001 年以后，随着水资源短缺加剧，北京市渔业养殖面积不断减少，渔业产量也随之减少（图 3-7），但名特优水产品比例增加，稻田养殖、莲藕及水生花卉种植、观光休闲渔业得到发展。

表 3-6　1990～2008 年北京市渔业养殖面积和产量

年份	渔业面积/万 hm²	渔业产量/万 t	年份	渔业面积/万 hm²	渔业产量/万 t
1990	2.25	5.11	2000	2.25	7.56
1991	2.25	5.57	2001	2.25	7.43
1992	2.26	6.41	2002	2.18	7.34
1993	2.26	7.00	2003	2.10	7.12
1994	2.28	7.63	2004	2.05	6.68
1995	2.28	8.05	2005	2.00	6.43
1996	2.23	7.83	2006	2.01	6.20
1997	2.22	7.66	2007	2.00	6.08
1998	2.20	7.56	2008	2.00	6.08
1999	2.25	7.56			

资料来源：《北京农村年鉴》（1991～2009）。

四、水电蓄能

水生态系统能够为水力发电提供作为动力基础的水资源，水力发电产品提供

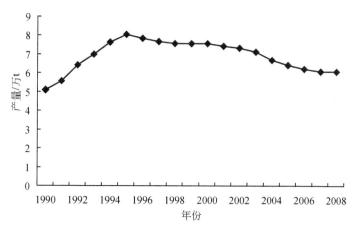

图 3-7 1990～2008 年北京市渔业产量变化情况

功能量主要由水力发电量来体现。

（一）北京市水电站概况

北京市水力发电站主要有官厅水电站、永定河下马岭水电站、永定河下苇甸水电站以及潮白河密云水电站（表3-7），2008 年全市水力发电 1395 万 kW · h。

表 3-7 北京市水电站概况

水电站	官厅水电站	下马岭水电站	下苇甸水电站	密云水电站	十三陵抽水蓄能电站
水库库容/亿 m³	22.7	0.143	0.0377	43.75	0.73
装机容量/万 kW	35	6.5	3.0	8.8	80
发电时间	1955 年	1962 年	1975 年	1960 年	1995 年

资料来源：国家电力监管委员会大坝安全监察中心，2009。

官厅水电站是我国第一座自行设计、施工、建造的自动化水电站，于 1954 年开始兴建，1955 年发电。它主要依赖于能蓄水 22.7 亿 m³ 的官厅水库的水作为动力发电，装机容量 35 万 kW。2008 年官厅水库蓄水量为 1.63 亿 m³，发电量为 89 万 kW · h。

下马岭水电站（图 3-8）建在北京市门头沟永定河内官厅山峡内珠窝村附近，1958 年开工建设，1962 年开始发电。它是以发电为主的中型电站，引水式布置，水库总库容 1430 万 m³，电站装机容量为 6.5 万 kW（国家电力监管委员会大坝安全监察中心，2009），2008 年发电量为 660 万 kW · h。

图 3-8　下马岭水电站

资料来源：http：//baike. baidu. com/view/1244472. htm.

　　下苇甸水电站是以发电为主的中型电站，引水式布置。拦河坝位于北京门头沟区永定河官厅山峡内落坡岭火车站附近。1971 年开工建设，1975 年开始发电，水库总库容为 377 万 m^3，装机容量为 3.0 万 kW（国家电力监管委员会大坝安全监察中心，2009），2008 年发电量为 279 万 kW·h。

　　密云水电站于 1958 年开工，1960 年发电，依赖于蓄水 43.75 亿 m^3 的密云水库作为动力发电，装机容量 8.8 万 kW。2008 年密云水库蓄水量为 11.3 亿 m^3，发电为 367 万 kW·h。

（二）　北京市蓄能电站概况

　　十三陵抽水蓄能电站（图 3-9）位于北京市昌平区以北的十三陵风景区。电站利用已建成的十三陵水库为下水库，在水库左岸蟒山山岭后的上寺沟兴建上水库，输水系统和地下厂房洞室群建于蟒山山体内。十三陵水库库容 0.73 亿 m^3，电站最大上下游水位差 481m，总装机容量 800MW，设计年发电量 12.46 亿 kW·h。电站建成后接入京津唐电网，作为京津唐电网的主力调峰、调频和紧急事故备用电厂，是电网供电事故备用机组，是首都电网"黑启动"的电源点。电站于 1992 年开工建设，1995 年投产发电（国家电力监管委员会大坝安全监察中心，2009），2008 年蓄能电站发电 40 384 万 kW·h。

图 3-9 十三陵抽水蓄能电站

资料来源：http：//baike. baidu. com/view/667890. htm.

五、水源地温

水源地温是水生态系统提供给人们的又一产品，它是以地下水资源作为媒介实现的，这一产品服务功能量指标是年开采地热水水量。

（一）北京地热资源概况

据勘探，北京市平原区深度在 3500m 以内，井出水温度大于 50℃ 的地热区面积为 2760km²。构成相对独立又有一定联系的 10 个热田，分别是延庆地热田、京西北地热田、小汤山地热田、东南城区地热田、良乡地热田、天竺地热田、后沙峪地热田、李遂地热田、双桥地热田（包括亦庄地区）和凤河营地热田（北京市国土资源局，2006）。

按照《地热资源地质勘查规范》（GB11615—89）中 D 级储量评价的要求，对上述 10 个地热田进行了地热资源储量计算，评价区范围内可达到的地热资源总量为 $500. 772 \times 10^{18} J$，相当于 284. 67 亿 tce 的发热量（标煤量按燃效 60% 的发热量换算）；储存的地热水量为 179. 73 亿 m³，其中蕴藏热量 $3772. 49 \times 10^{15} J$，相当于 2. 15 亿 tce 的发热量（北京市国土资源局，2006）。

（二）北京地热开采概况

北京的地热规模开采始于 20 世纪 70 年代，经历过由快速增长至稳定开采的变化过程。1971～2009年，北京市拥有各类地热井446眼，平均钻井深度约为2000m，地热水开采量超过2.55亿m³。根据2008年调查统计，全市在用地热井有216眼，开采地热水941万m³，可从地热水中获取热量$2.000\,566×10^{15}$J，相当于11.38万tce的发热量（标煤量按燃效60%的发热量换算）（魏成林，2010）。

第三节　调节功能

水生态调节功能是指水生态系统通过其生态过程所形成的有利于生产与生活的环境条件与效用，主要包括地表水资源调蓄、地下水资源调蓄与补给、水质净化、气候调节、洪水调蓄和净化空气6个方面（图3-10）。

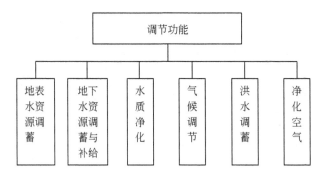

图3-10　北京市水生态系统调节功能构成

一、北京市水资源联合调蓄

（一）北京市水资源概况

水资源总量是指某区域内由大气降水形成的地表和地下的产水量和区域外入境的地表、地下水量（刘延恺，2008）。地表水资源和地下水资源通过水循环年复一年得以更新。水资源量反映一个地区占有水资源的贫富程度。

北京市水资源总量由北京市山区、平原河川径流量、平原降雨入渗补给地下水量、山区侧向补给平原地下水量和外省入境水量组成。1956～2000年北京市平均水资源量为37.39亿m³（刘延恺，2008），但1999年开始，连续9年干旱，导致北京市水资源量急剧减少，1999～2008年10年平均水资源量仅为23.07亿m³

（表3-8），只有多年平均水资源量的61%。近年来，随着上游来水持续减少，过去10年平均每年上游来水量仅为4.46亿m³，而北京出境水量为7.7亿m³（表3-9）。

表3-8　1999～2008年北京市平均水资源量基本情况　　（单位：亿m³）

水资源类型	数量
地表水资源	7.27
地下水资源	16.80
总量	23.07

表3-9　1999～2008年北京市出入境水量表　　（单位：亿m³）

水系	入境水量	出境水量
密云水库流域	2.87	0.05
官厅水库流域	1.07	0.00
蓟运河水系	0.13	0.53
大清河水系	1.05	0.84
北运河水系	0.00	6.86
合计	5.12	8.28

资料来源：北京市水务统计资料。

　　由于北京市水资源极其匮乏，开源节流、提高水资源的利用效率是重要的管理途径。污水处理后达到再生回用的标准，再生水作为非常规水源成为北京市"开源"的重要手段。截至2008年，北京市建设二级污水处理厂24座、三级污水处理厂10座，日处理污水能力达到329万m³，全年共处理污水10.43亿m³。污水处理后的再生水，分别用于工业生产、农业灌溉、排入河道作为生态用水等。

（二）北京市水资源联合调蓄概况

　　降雨量和入境水量是当年地表水地下水资源的主要来源，通过北京境内地表水和地下水的相互转换，实现水资源的联合调蓄（图3-11）。

　　除了降雨之外，北京市通过官厅、密云和其他各型水库等水利工程将一部分入境地表径流拦蓄在辖区内，形成区域内的水资源。北京市1980～2000年降水对地下水的多年平均补给量为25.6亿m³（刘延恺，2008）。经过10年干旱，目前补给量降至15亿m³左右。另外，通过农业灌溉约有15%的水量能够回灌地下，每年约2亿m³。除了自然下渗，地表水资源还通过人工回补对地下水资源

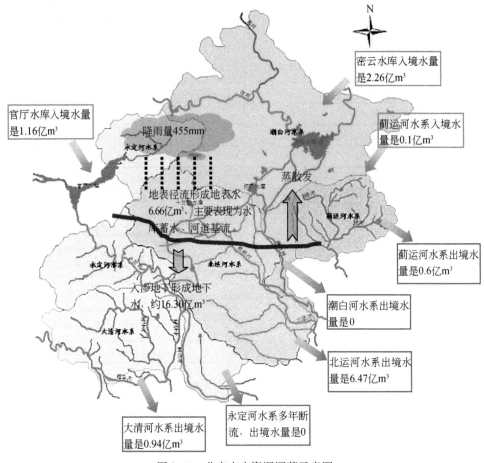

图 3-11　北京市水资源调蓄示意图

注：该图各项数据采用 1999～2008 年平均值。

进行补给。

　　在地表水对地下水进行补给的同时，地下水资源通过河流、湖泊和湿地等对地表水资源也进行补给。但由于多年来北京市依靠地下水作为供水的主要来源，地下水位急剧下降，目前地下水资源的开采量已远远大于补给量，地下水资源回补地表水资源的功能已逐渐退化。

二、地表水资源调蓄

　　地表水资源量是指某特定区域在一定时段内由降水产生的地表径流总量，其主要动态组成为河川径流总量。

地表水资源调蓄是通过河道、水库等将雨水集中并储存起来，既可以避免汛期大量的雨水形成洪涝灾害，又可以通过洪水径流调节，为旱季提供水资源，并将水资源输送到需要的地方。同时，地表水资源还通过土壤、湖泊、河流、湿地等对地下水资源进行回补，涵养地下水。

地表水资源调蓄的主要形式包括引水工程、排水工程、防洪工程、蓄水工程等工程体系。这些设施保障了水资源调蓄的顺利进行。

（一）地表水资源

历史上北京的地表水资源非常丰富。北京境内的五大水系，即北运河、永定河、潮白河、蓟运河、拒马河，只有北运河发源于北京市境内，其余 4 河均来自境外，给北京带来了丰富的水资源。据统计，在 20 世纪 50 年代，北京市多年平均境内地表水资源量为 17.72 亿 m^3。

1999 ~ 2007 年的 9 年干旱，北京市年降雨量都低于多年平均值，水资源紧缺程度加剧。近 10 年平均地表水资源量为 7.27 亿 m^3，2008 年降雨量 638mm，稍大于多年平均值 585mm，北京市近十年的地表水资源量一直处于偏低的水平，基本稳定在 7 亿 m^3 左右，仅为 20 世纪 50 年代 17.72 亿 m^3 的 40%（表 3-10）。

表 3-10　1999 ~ 2008 年北京市降雨量与地表水资源量状况

年份	降雨量/mm	地表水资源量/亿 m^3
1999	373	5.16
2000	438	6.34
2001	462	7.78
2002	413	5.25
2003	453	6.06
2004	539	8.16
2005	468	7.58
2006	448	5.99
2007	499	7.60
2008	638	12.80

由于多年干旱，上游来水量骤减，北京市从 20 世纪 60 年代至今，地表水资源量急剧减少。以官厅、密云水库入库水量为例（表 3-11），可以看出北京市地

表水资源量呈现逐年下降的趋势。地表水资源量虽然减少，但是仍然发挥重要的调节功能。

表 3-11　官厅、密云水库入库水量与当年降雨情况

时间	官厅水库流域年平均降雨量/mm	官厅水库入库水量/亿 m³	密云水库流域年平均降雨量/mm	密云水库入库水量/亿 m³
20 世纪 50 年代	477	20.30	701	29.92
20 世纪 60 年代	417	13.21	484	11.13
20 世纪 70 年代	426	8.31	514	12.78
20 世纪 80 年代	404	5.61	462	5.96
20 世纪 90 年代	415	4.04	503	7.49
2000~2008 年	375	1.50	467	2.80

（二）地表水资源调蓄功能

北京市连年干旱，降雨量远远小于地表水调蓄能力。大部分的雨水蒸发，留下来的部分入渗地下，形成地表水资源的降雨量很少。部分河道干涸、水库水位下降，部分有调蓄能力的地区或设施未全部使用。基于该情况，本研究中地表水资源调蓄能力计算将地表水资源量视为地表水调蓄量。

通过计算当年出入境水量、结合北京市降雨量和蒸发量可计算得出北京市当年形成水资源总量。大部分水资源下渗形成地下水，剩余部分即为当年地表水资源量。根据 2008 年度北京市水务数据资料，2008 年北京市地表水资源量为 12.8 亿 m³。在下章的计算中，将使用北京市当年地表水资源量作为地表水调蓄功能的指标，指标量为 12.8 亿 m³。

三、地下水资源调蓄与补给

地下水资源是指在一定期限内，能提供给人类使用的，且能逐年得到恢复的地下淡水量。湖泊、湿地与河流生态系统是地下水的主要补给来源，对维持地下水的平衡起着重要的作用。

地下水调蓄是指通过自然入渗方式将雨季或淡季地表水储存在地下含水层空间。由于其储量大、分布均匀、流动缓慢、季节性变化小，可达到丰水期自然储

存、枯水期开发利用的目的。

北京经历了多次地壳构造变动和地质演化，各时代的地层分布齐全。这些特点为北京地下水的形成、储存、分布和运移创造了非常有利的条件。经过勘探，北京市地下水年平均补给量约为 40.57 亿 m³，其中平原地区年补给量为 30 亿 m³，可开采量为 25 亿 m³（杨毓桐，2006）。地下水资源主要集中在永定河、潮白河两条大河的冲洪积扇的上部地区，这些地区广泛沉积了砂砾卵石层，大气降水直接渗入补给，渗透性强，补给条件好，水量丰沛。

北京市地下含水层分布广泛、相对集中等特点，决定了地下水调蓄具有独特性：①依赖性强，北京市供水中有 65% 来自于地下水，地下水调蓄对全市供水意义重大；②调蓄库容大，具有多年调节的能力，目前超采严重，"地下水库"有较大的空间容纳更多的水资源，可作为战略储备；③蒸发量小，水资源损失率低；④与地表水资源相比，地下水通过地层的过滤、吸附等作用可改善水质，水质较好；⑤在作为供水水源的同时还具有缓解和改善各种环境地质问题的功能，具有很高的生态效益（张福存等，2002）。

（一）地下水资源利用情况

北京地区曾经地下水丰富，凿井汲水饮用、灌溉的历史悠久。战国、西汉时就有陶井，到了东汉、隋、唐以后就出现了砖井。有的地方分布很密集，说明当时人们凿井取水普遍。

泉水是地下水的地表涌出形态。自古北京以泉水多而著称，山区泉水遍布，据 1979 ~ 1980 年普查，全市能测到流量的泉水 1246 处，全年总水量约为 2 亿 m³，金、元、明、清等朝代都是以泉水作为城市河湖及饮用水源（北京水利史志编辑委员会，1987）。新中国成立以后，随着经济发展、人口增加，地下水的取用量越来越大，地下水位下降，再加上连年干旱，上游来水减少，现在北京大部分的泉水都已干涸。

1960 年、1965 年和 1972 年发生较大旱情，造成北京市水资源供需紧张。1972 年旱情尤为严重，全年降雨量只有 445mm，水库蓄水锐减，官厅、密云两大水库供给农业的水量由 1971 年的 8.92 亿 m³，减少到 4.85 亿 m³，致使全市有 13.5 万 hm² 农田受灾，减产 2.5 亿 kg。从此，北京市全面开采地下水，替代地表水资源的短缺（北京市地方志编纂委员会，2000）。

1980 ~ 1982 年北京地区连续三年出现干旱，春季地下水位持续下降，大部分河道干涸断流，播种困难，山区人畜饮水困难。1981年8月，密云水库蓄水已在死水位以下，官厅水库死水位以上蓄水只剩0.33亿 m³，形势非常严峻，农业受到很大影响，工业和城市生活用水也非常紧张。20世纪80年代中期，官厅、密云水库停止向农业供水后，原来依靠地表水的大中型灌区，逐渐失去地表水源供应，只能依靠抽取地下水灌溉，由此开启了北京市超采地下水的历史（朱晨东，2008）。

1993~1994年北京地区又出现连续两年干旱，因干旱少雨，地下水位持续下降，1993年6月出现了历史最低水位。即使在汛后的9月底，地下水位仍比上年同期低1.72m。全市1万眼机井出水不足。山区10.5万人和1.7万头大牲畜饮水发生困难（北京市地方志编纂委员会，2000）。

1999年之后北京连续9年干旱，用水告急情况接踵而至，地下水位以每年1m的速度持续急剧下降，北京地下水提供水资源的能力也随之衰退。

（二）地下水资源现状

北京境内多年平均降水量585mm，年均降水总量折合水资源量99.96亿 m³，其中，形成地表径流量21.98亿 m³，地下水资源26.33亿 m³。1999~2008年平均降雨量为473mm，平均地下水资源量为16.81亿 m³，仅为多年平均的63.84%（图3-12）。1980~2008年北京市地下水埋深与当年降雨量详见表3-12。

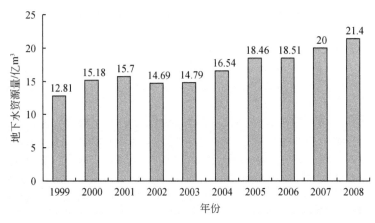

图3-12　1999~2008年北京市地下水资源量变化

目前，北京市城市供水的65%来源于地下水，全市每年开采地下水为26亿 m³左右，而每年地下水补给量仅为20亿~22亿 m³，平均每年超采4亿~6亿 m³。30余年来，北京市已累计超采地下水80亿 m³（焦志忠，2008）。

表 3-12 1980~2008 年北京市地下水埋深与当年降雨量

年份	地下水埋深/m	降雨量/mm
1980	7.24	387
1981	9.01	434
1982	8.66	585
1983	9.64	465
1984	10.62	442
1985	9.58	611
1986	9.96	560
1987	10.16	663
1988	10.15	595
1989	10.97	479
1990	10.62	662
1991	10.55	663
1992	11.39	500
1993	12.66	424
1994	11.42	728
1995	11.26	609
1996	10.33	669
1997	12.09	419
1998	11.88	687
1999	14.21	373
2000	15.36	438
2001	16.42	462
2002	17.48	413
2003	18.33	453
2004	19.04	539
2005	20.21	468
2006	21.52	448
2007	22.79	499
2008	22.92	638

（三）地下水调蓄功能

地下水资源有调蓄作用，通过补给来实现调蓄中"蓄"的功能。地下水调蓄增加了可利用水资源量，同时通过补给地下提升了地下水水位，减少了地下水抽取的机会成本。地下水调蓄的功能指标分为两部分：一是地下水资源调蓄功能；二是地下水资源补给机会成本。

1. 地下水资源调蓄功能

由于北京市降雨量小于蒸发量，属于亏空灌溉，此处计算只考虑水体补给量，农田、森林补给量忽略不计。根据水资源形成的机理，当年降雨和入境水量通过土壤下渗等方式，一部分形成了地下水资源。根据2008年度北京市水务统计资料，2008年北京市地下水资源量为21.4亿 m^3。在地下水资源的调蓄功能价值计算中，使用当年地下水资源量作为地下水资源调蓄量。

2. 地下水资源补给机会成本

北京市2008年地下水资源量为21.4亿 m^3，若无这21.4亿 m^3 水资源回补地下，北京市平原区地下水埋深将下降0.34m，即抽取地下水时扬程增加了0.34m。多抽取0.34m所需付出的成本即为地下水补给机会成本。

四、水质净化

水质净化指污染物质进入天然水体后，通过一系列物理、化学和生物过程的共同作用，使水中污染物质浓度降低的过程。河流、湖泊、沼泽都具有一定的自净能力（刘维志等，2008）。

水资源提供、维持了良好的污染物质物理化学代谢环境，增强了区域环境的净化能力。水体生物从周围环境吸收一些由地表径流携入湿地的营养元素及化学物质，主要是它所需要的营养物质，但也包括它不需要的或有害的化学物质，并将这些元素及化学物质富集起来，从而形成了污染物的分解、迁移、转化、富集过程，污染物的形态、化学组成和性质随之发生一系列变化，当水生植物被刈割，水生动物移动后，这些物质便会被带出水生态系统，最终达到净化作用。

根据确定的设计水量、水功能区的水资源保护目标和水质标准，河流、湖泊、洼淀允许接纳一定量的污染物，其允许纳污量的大小反映其水质净化功能对人类的重要程度，允许纳污量越大，此项功能对人类越重要（欧阳志云等，2004；刘征，2006）。

全市的河道、湖泊、湿地等水体具有不同的水质净化功能，不同的水质净化功能有不同的水质要求。不同水质的水体有不同的水环境容量。水环境容量是指水体在一定的水环境质量要求下，对排放于其中的污染物所具有的容纳能力，也就是水体对污染物的最大容许的负荷量。水环境容量通常以单位时间内水体所能承受的污染物总量表示（刘延恺，2008）。

由于数据有限，无法区分各种水体的水环境容量，本研究将统一考虑北京市河道的水环境容量，通过河道水体对化学需氧量（COD）去除能力的研究，从一定程度上揭示水体净化功能带来的生态服务价值。

结合水利部确定的水功能区划目标，通过对不同的水体进行功能划分，可计算出全市河道的总纳污能力约为 7.8 万 tCOD。此处使用该数据作为水体净化能力指标的功能值。

北京 2008 年向水体排放 10.13 万 tCOD，尽管自 2000 年以来，向水体排放的 COD 持续下降，但仍超过北京水生态系统的纳污能力（表 3-13）。

表 3-13　2000～2008 年北京市 COD 排放量　（单位：万 t/a）

年份	全市 COD 排放量		
	总计	工业	生活
2000	17.85	2.15	15.70
2001	17.04	1.81	15.23
2002	15.27	1.42	13.85
2003	13.40	1.04	12.36
2004	12.97	1.13	11.84
2005	11.60	1.10	10.50
2006	10.99	1.05	9.94
2007	10.65		
2008	10.13		

五、气候调节

水生态系统中分布有大面积的水面、植被和湿润土壤，水生态系统特殊的热力学性质使得水生态系统不断地与大气之间进行热量和水分交换，调节气温、增加空气湿度等，为生活在水生态系统周围的生物和非生物提供有利的小气候条件，更重要的是，水生态系统的气候调节功能还可以减少人类为了降温避暑及提高空气湿度而消耗的费用，从而为人类带来利益。

水生态系统水面蒸发会吸收一部分热量并提供一部分水汽，使空气温度降低、湿度增加。因此，北京市水生态系统气候调节功能的物质量包含水生态系统水面蒸发吸收热量以及水生态系统蒸发调节空气湿度。

（1）吸收热量。北京市多年平均水面蒸发量1100mm（颜昌远，1999），2008年北京市统计局遥测水面面积为282.466km^2。另外，考虑到随着温度升高，水的汽化热会越来越小，因此，本研究保守取值，取水在100℃，1标准大气压下的汽化热2.26×10^{6}J/kg，则北京水生态系统水面蒸发吸收的总热量为7.02×10^{17}J。

（2）增加空气湿度：北京市多年平均水面蒸发量1100mm，水面面积为282.4661km^2，则水面蒸发的水量为3.11亿m^3。也就是说，北京水生态系统每年为空气提供3.11亿m^{3}的水汽，提高了空气湿度。

六、洪水调蓄

水生态系统在洪灾的减轻与预防中具有重要的作用（王浩等，2004）。水生态系统通过减缓洪水流速，削减洪峰，弱化洪水的冲击力，减少洪水造成的经济损失。

洪水调蓄是水生态系统自身水循环的一个过程，能够起到自身调节作用，间接为人类减轻水系的洪水威胁，减少洪水和严重暴雨带来的更大范围的损失。水库、湖泊、塘坝等蓄滞洪区有蓄洪、泄洪、消减洪峰的作用，同时植物吸收、渗透降水，使得降水进入江河的时间滞后，入河水量减少，也能够减少洪水径流量，达到消减洪峰的作用。水库、湖泊洼淀暂时蓄纳入湖洪峰水量，而后缓慢泄出，对洪水进行调蓄。由河道洪水泛滥而形成的洪泛区，在承纳与调蓄超出河流行洪能力的洪水时，也具有降低洪水流速、削减洪峰流量的作用（刘征，2006；刘维志等，2008）。

（一）洪涝灾害的历史演变

北京的自然地理环境是使它成为旱涝灾害多发和群发区的重要因素之一。北京地处华北平原的西北隅，西北部为群山环抱，东南部是平原，形成西北高、东南低的特殊地形，有利于暴雨的增幅，并触发强烈的对流天气，使暴雨的高值区沿山前分布。而山前区坡度大、植被差，并广泛分布着泥石流易发区，如遇暴雨，极易发生山洪、泥石流。山区与平原区地形高差大，坡陡流急，山区洪水大量涌入平原，而平原地势平坦，又多低洼地区，排水不畅，易受洪灾影响（北京市水利局，1999）。

据史料记载，北京市自元朝至元八年（1271 年）到新中国成立前（1948 年）的 677 年间，较大的洪涝灾害就有 297 次（北京市地方志编纂委员会，2000）。

在元代，自至元八年（1271 年）至至正二十八年（1368 年）的 98 年间，共有 48 个年份在大都地区发生轻重不同的水灾，平均不到两年就有一次（北京市地方志编纂委员会，2000）。

在明代，自洪武元年（1368 年）至崇祯十七年（1644 年）的 277 年间，北京地区的水灾年份有 104 个，平均每三年一次。其中，特大水灾 9 次，严重水灾 29 次，一般水灾 66 次（北京市地方志编纂委员会，2000）。

在清代，自顺治元年（1644 年）至宣统三年（1911 年）的 268 年间，北京地区有 128 个年份发生了轻重不同的水灾。其中，特大水灾 5 次，严重水灾 30 次，一般水灾 93 次（北京市地方志编纂委员会，2000）。

在民国时期，自 1912 年至 1948 年的 37 年间，共发生轻重不同的水灾 17 次，其中有 4 次灾情较重。1939 年是北京地区近 60 年来最大的一次洪水，以洪峰频率分析，潮白河在百年一遇以上，永定河、北运河等均在 50 年一遇左右，是海河流域"北四河"典型的灾年（北京市地方志编纂委员会，2000）。

根据北京市人民政府防汛抗旱指挥部办公室的统计资料，1949 ~ 1995 年，北京发生较大洪涝灾害 9 次，较大泥石流灾害 7 次。

洪水灾害不仅发生频次多，而且造成的危害也比其他自然灾害严重。一般来说，严重水灾的受灾面积大，损失惨重。例如，历史上发生的清嘉庆六年（1801 年）和清光绪十六年（1890 年）的特大水灾，北京地区受灾县分别为 11 个和 9 个。1939 年特大洪水中北京地区受灾县 9 个，受灾人口 318 万人，死伤 15 470 人。特别是永定河石景山至卢沟桥上下段左堤经常决口泛滥，对北京城造成的危害和威胁最大，曾有 5 次洪水侵入京城，造成巨大损失（北京市水利局，1999）。

（二）洪水调蓄功能

洪水调蓄功能是通过衡量北京市水体能够容纳调蓄的洪水量来体现的，包括河道调蓄量、防洪库容及湿地调蓄量。

河道的调蓄能力计算主要包括潮白河、温榆河、永定河和六环内河道，根据河道的长度和平均宽度来计算调蓄能力（表 3-14）。六环内河道调蓄深度取 1m，其他三条大河调蓄深度取 3m。计算得出全市河道调蓄能力为 6.96 亿 m^3。由于数据资料有限，温榆河北关闸以下至六环段未包含其中。

表 3-14　北京市河道调蓄能力表

名称		分段	长度 */m	宽度 */m	调蓄量/m³
潮白河		汇合口—牛栏山	19 352	600	34 833 600
		牛栏山—向阳闸	4 700	700	9 870 000
		向阳闸—俸伯桥	4 700	1 200	16 920 000
		俸伯桥—市界	54 800	1 000	164 400 000
温榆河		起点—蔺沟口	12 166	355.25	12 965 915
		蔺沟口—泗上桥	8 079	224.43	5 439 510
		泗上桥—龙道河口	5 936	211.53	3 766 926
		龙道河口—坝河口	17 914	301.3	16 192 465
		坝河口—小中河口	3 025	465.665	4 225 910
		小中河口—北关闸	301	642.43	580 114
永定河		官厅—三家店	108 700	200	65 220 000
		三家店—卢沟桥拦河闸	16 390	400	19 668 000
		卢沟桥拦河闸—梁各庄	61 760	1 800	333 504 000
六环内河道	新开渠		8 400	20	168 000
	水衙沟		7 400	10	74 000
	马草河		13 000	26	338 000
	丰草河		5 100	25	127 500
坝河		首闸—尚家楼橡胶坝	2 920	25	73 000
		尚家楼橡胶坝—东坝河橡胶坝	1 340	34	45 560
		东坝河橡胶坝—酒仙桥橡胶坝	1 588	30	47 640
		酒仙桥橡胶坝—驼房营橡胶坝	1 752	33	57 816
		驼房营橡胶坝—北岗子闸	2 726	40	109 040
		北岗子闸—亮马河入口	369	40	14 760
		亮马河入口—北小河入口	2 612	50	130 600
		北小河入口—温榆河	8 253	50	412 650
亮马河		东北城角—工体西侧路桥	995	18	17 910
		工体西侧路桥—壅水闸	2 105	30	63 150
		壅水闸—东四环路	2 041	20	40 820
		东四环路—坝河	4 600	20	92 000
东直门干渠		亮马河小闸—朝阳干渠	8 300	10	83 000
朝阳干渠		六里屯桥—小场闸	8 700	15	130 500

续表

名称	分段	长度*/m	宽度*/m	调蓄量/m³
小场沟	小场闸—五里桥闸	4 080	15	61 200
	五里桥闸—温榆河	1 720	27	46 440
青年路沟		8 500	15	127 500
望京中心沟	坝河—北小河	4 800	15	72 000
北小河	北苑路暗沟出口—机场辅路桥	8 100	25	202 500
	机场辅路桥—坝河	7 780	30	233 400
南护城河	西便门—东便门	15 130	40	605 200
东南郊灌渠		10 400	10	104 000
大柳树沟		8 300	18	149 400
萧太后河		8 900	22	195 800
观音堂沟		3 600	10	36 000
大羊坊沟		13 600	20	272 000
通惠排干		15 000	40	600 000
通惠河	东便门橡胶坝—东四环路桥	4 605	38	174 990
	东四环路桥—高碑店闸	3 457	40	138 280
	高碑店闸—普济闸	6 749	42	283 458
	普济闸—温榆河	5 561	48	266 928
高碑店湖				0
凉水河	暗涵出口—万泉寺	4 500	20	90 000
	万泉寺—洋桥橡胶坝	2 938	35	102 830
	洋桥橡胶坝—旱河入河口	1 690	52	87 880
	旱河入河口—大红门	2 066	52	107 432
	大红门—小红门	2 806	54	151 524
	小红门—开发区1号橡胶坝	5 361	54	289 494
清河	安河闸—树村闸	3 535	35	123 725
	树村闸—清河闸	4 021	45	180 945
	清河闸—处理厂退水口	1 500	60	90 000
	处理厂退水口—羊坊闸	2 552	60	153 120
	羊坊闸—沈家坟闸	5 800	65	377 000
	沈家坟闸—清河口	4 656	56	260 736

续表

名称	分段	长度 * /m	宽度 * /m	调蓄量/m³
万泉河	暗管出口—城府闸	3 379	10	33 790
	城府闸—大石桥村	2 690	12.5	33 625
	大石桥村—清河	1 191	23	27 393
小月河		9 445	15	141 675
土城沟		6 000	15	90 000
北护城河		5 045	25	126 125
东小口沟		5 500	20	110 000
清洋河		8 970	20	179 400
合计				695 938 175

* 数据来自北京市水务统计资料。

　　除了河道之外，北京市 82 座水库也具有较大的调蓄库容，根据 2008 年度北京市水务统计资料，全市水库防洪库容为 13.22 亿 m³（表 3-15）。

表 3-15　北京市水库防洪库容统计表　　　　（单位：万 m³）

序号	水库名称	所属河流	规模	防洪库容
1	密云水库	潮白河	大型	92 700
2	怀柔水库	潮白河	大型	10 450
3	海子水库	蓟运河支流	大型	2 835
4	十三陵水库	北运河	中型	4 321
5	斋堂水库	清水河	中型	4 076
6	大宁水库	小清河	中型	3 611
7	永定河滞洪水库	永定河	中型	4 392
8	珠窝水库	永定河	中型	280
9	崇青水库	大清河	中型	2 200
10	天开水库	大石河	中型	1 135
11	大水峪水库	大沙河	中型	380
12	北台上水库	雁栖河	中型	1 665
13	黄松峪水库	黄松峪沟	中型	840
14	西峪水库	错河支流	中型	643
15	遥桥峪水库	安达木河	中型	540
16	半城子水库	牤牛河	中型	688

序号	水库名称	所属河流	规模	防洪库容
17	沙厂水库	红门川河	中型	550
18	白河堡水库	潮白河水系	中型	900
合计				132 206

湿地也具有洪水调蓄的功能。湿地包括水库湿地、河流湿地、湖泊湿地（城市公园湿地）、人工水渠和坑塘、稻田。水库和河道的洪水调蓄能力已计算，此处只考虑后三类的湿地调蓄面积。北京市湖泊湿地面积为 $6.844km^2$，人工水渠湿地面积为 $28.696km^2$，坑塘、稻田湿地面积为 $71.945km^2$（陈卫等，2007），总湿地面积为 $107.485km^2$，相对河道而言，湿地的调蓄能力稍弱，根据北京市湿地实际情况分析，调蓄深度取 $50cm$。可计算出北京市湿地调蓄能力为 0.54 亿 m^3。将河道、水库、湿地三项合并，可得出调蓄总能力为 20.72 亿 m^3。

七、净化空气

水生态系统通过水面蒸发和植物蒸腾，使空气湿度增加，从而吸收大气中的粉尘及一些有毒气体，此外，水生态系统还可以增加空气中的负离子。

（一）净化空气功能的内涵

1. 增加负离子

负离子是一种对人体健康非常有益的远红外辐射材料，适宜人体吸收的远红外线最佳波长为 $9.6\mu m$，而负离子矿物晶体辐射远红外线的波长在 $2\sim18\mu m$，且辐射功率发射密度略高于 $0.04W/cm$，负离子矿物晶体辐射的远红外线与人体协调很好，可被人体全部吸收。空气中负离子的含量受生态环境条件的影响而不同，公园、郊区田野、海滨、湖泊、瀑布附近和森林中含量较多。

动态水能增加空气负离子水平的原因是水在高速运动时水滴会破碎，水滴破碎后会失去电子而成为正离子，而周围空气捕获电子而成为负离子，这种效应就是所谓的喷筒电效应或瀑布效应（麦金太尔，1998）。在大型喷泉附近喷筒电效应尤为明显。另外，动态水在喷溅时对空气中的气溶胶粒子也起到淋洗作用，使空气清洁度增大，再加上增加了空气湿度等，这些原因共同造成了动态水能增加空气负离子的效应。水的流速越大，其喷筒电效应越强（薛茂荣等，1984）。

2. 吸收粉尘

大气降尘（也称自然降尘）指大气中自然降落于地面上的颗粒物，它反映颗粒物的自然沉降量，其粒径多在 $10\mu m$ 以上，用每月沉降于单位面积上颗粒物的重量表示［t/(km^2·月)］，是城市大气环境监测的重要内容之一，其值是空气质量的重要指标。

北京市的降尘主要来自于境内扬尘。冬春季节京郊的农田完全呈裸露状态，是造成沙尘污染的主要本地来源。另外，道路交通车辆及行人造成的扬尘和二次扬尘以及机动车排放的烟尘，建筑工地施工及堆挖填土不加覆盖等造成的扬尘也是本地尘源之一。此外，境外源也不可忽略，尤其在春季，高空的浮尘主要来源于境外，低层比较粗的沙砾主要来源于本地。境外源主要是发生于西北地区、蒙古高原、华北及北京周边地区的沙尘暴（郭婧等，2006）。

（二）净化空气功能指标

1. 负离子总量

溪流、喷泉、瀑布均属于动态水，动态水能增加周边地区的空气负离子水平，这已被许多研究所证实。2001 年 6 月 19 日在密云黑龙潭进行测定，测定结果是沟底清泉旁空气负离子浓度为 2458 个/cm^3，主潭边为 3205 个/cm^3，主潭中央距瀑布约 10m 处空气负离子浓度达到 3651 个/cm^3。2001 年 7 月 19 日在延庆县松山自然保护区内测定的结果是：三叠水泉边空气负离子浓度为 2198 个/cm^3。由这些测定结果可以看出，在溪流、瀑布等有流动水的附近，空气负离子水平明显高于北京市的平均水平，比北京市的平均空气负离子浓度高出 5~8 倍，比有林地区的平均水平也高出 3~4 倍（邵海荣等，2005）。

净化空气功能价值按照北京市流动水面空气中所含负离子数量的价值来计算。负离子总数量按照流动水体，即河道上方 10m 处空气中所含负离子总数来计算。北京市河道水面面积为 73.8093km^2（陈卫等，2007），北京市平均负离子浓度为 732 个/cm^3（邵海荣等，2005）。流动水空气中负离子浓度是平均空气负离子浓度的 5~8 倍，此处取最小值 5 倍，计算得出负离子总数为 4.23×10^{18} 个。

2. 粉尘总量

吸收降尘、净化空气功能价值按照北京市各区水域吸收的降尘量来计算。根据 2005 年全国土地利用分类，统计出城区、各区县湿地面积，利用各区县月均降尘量可计算得出水域面积平均降尘量为 $7.23t/(km^2 \cdot 月)$，根据 2008 年北京市遥测水面面积，可计算得出 2008 年北京市吸收粉尘总量为 2.45 万 t（表 3-16）。

表 3-16　北京市降尘量和水域面积表

辖区	月均降尘量/[t/(km² · 月)]	水域面积/km²
市区	9.495	0.374
朝阳	9.04	15.04
海淀	7.90	1.45
丰台	15.06	0.709
石景山	9.23	1.827
门头沟	9.50	4.956
房山	11.06	6.016
大兴	15.11	16.444
顺义	12.25	34.06
通州	8.94	223.2
怀柔	4.60	103.34
密云	5.08	188.54
平谷	10.11	18.334
昌平	6.01	21.268
延庆	6.52	152.11

第四节　支持功能

水生态支持功能是指水生态系统所形成的支撑北京市发展的条件与效用，主要包括初级生产、固碳释氧、营养物质循环、生物多样性保护、生活质量改善、产业贡献、预防地面沉降、形成地质景观等（图 3-13）。

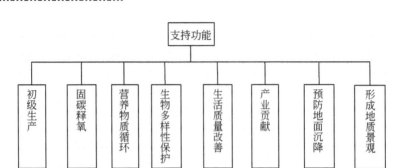

图 3-13　北京市水生态系统支持功能构成

一、初级生产

初级生产是指绿色植物利用太阳能，将无机化合物合成有机物质的过程，初级生产是生态系统非常重要的功能之一，所有消费者（包括人）及分解者都依靠初级生产所产生的有机物质而生存，没有植物的初级生产，就不会有消费者和分解者，生态系统也将不复存在。水生态系统的初级生产主要是指水生态系统内的植物（水生植物、湿生植物等）利用光合作用制造有机物质、固定太阳能的过程。

北京水生态系统通过浮游植物、沉水植物、挺水植物、湿生植物等进行光合作用固定有机质，不仅为生活在水生态系统中的鱼类、两栖动物及以水生态系统为栖息地的鸟类等提供食物基础，也为人类提供粮食产品，维持食物链。本研究主要对密云水库浮游植物、官厅水库的浮游植物、野鸭湖、汉石桥湿地的大型挺水植物和湿生植物的初级生产量进行了计算。

（一）密云水库浮游植物初级生产量

密云水库属于藻型湖泊，在藻型湖泊中，初级生产力主要决定于浮游植物的群落结构和细胞密度，所以本研究主要对密云水库的浮游植物初级生产量进行计算（杜桂森等，2001；刘霞等，2003）。密云水库 2005 年水面面积为 6830.5hm^2（曹荣龙等，2007），刘焕亮等（2008）根据全国内陆水域渔业资源，调查了 102 个水域（包括 87 个水库）的浮游植物日初级生产量，将初级生产量划分为低型 [浮游植物产量 1gO$_2$/(m^2·d)]、中型 [浮游植物产量 $1.0 \sim 3.0$gO$_2$/(m^2·d)]、较高型［浮游植物产量 3.0 ~ 5.0gO$_2$/（m^2·d）］、高型［浮游植物产量 5.0 ~ 10.0gO$_2$/（m^2·d）］、极高型［浮游植物产量 >10.0gO$_2$/（m^2·d）］5 种类型。密云水库浮游植物日初级生产量取中型最高值和最低值的平均值 2.0gO$_2$/（m^2·d），参照近海浮游植物的光合作用方程，浮游植物每生产 1g 干物质能固定 3.67gCO$_2$，释放 2.67gO$_2$，则密云水库的浮游植物初级生产量为 1.87 万 t（干重）。

（二）官厅水库浮游植物初级生产量

官厅水库水面面积为 13 000hm^2，根据刘焕亮等（2008）按日初级生产量划分的 5 种初级生产量类型，官厅水库取较高型最高值和最低值的平均值 4.0gO$_2$/（m^2·d），根据光合作用的方程，浮游植物每生产 1g 干物质能固定 3.67gCO$_2$，释放 2.67gO$_2$，则官厅水库的浮游植物初级生产量为 7.13 万 t（干重）。

（三）野鸭湖湿地生物初级生产量

野鸭湖湿地自然保护区草场的总生物量为 4545.53t（陈卫等，2007），考虑到沉水植物的含水系数基本上都在 80% 以上，如龙须眼子菜、穗花狐尾藻、菹草（北京市水利科学研究所和北京师范大学，2006），野鸭湖湿地植物的含水量应该低于此值。又考虑到湿地生态系统中的植物的含水量一般比较多，因此本研究含水量取 70%，P/B（生产量/生物量）系数取 1.25（潘文斌等，2002），则野鸭湖湿地初级生产量为 0.17 万 t（干重）。

（四）汉石桥湿地生物初级生产量

根据汉石桥湿地植被特征及汉石桥湿地各群落类型的单位面积生物量估算得到汉石桥湿地单位面积的生物量为 3009g/m^2，汉石桥沼泽地面积为 170.1hm^2（陈卫等，2007），含水量取 70%，P/B 系数取 1.25（潘文斌等，2002），则汉石桥湿地初级生产量为 0.19 万 t（干重）。

计算以上几个水生态系统总的初级生产量为 9.36 万 t。

二、固碳释氧

绿色植物利用太阳能进行光合作用，以获得生长发育必需的养分。在阳光的作用下，绿色植物内部的叶绿体把经由气孔进入叶子内部的 CO_2 和由根部吸收的水转变为碳水化合物，同时释放 O_2。水生态系统内的植物能够吸收大量 CO_2，并释放 O_2，不仅对于全球的碳循环有着显著的影响，也起到调节大气组分的作用。

水生态系统通过光合作用固定大气中的 CO_2，同时增加大气中的 O_2，并产生有机物质。在评估北京市水生态系统固碳释氧功能时，应以北京市水生态系统的 CO_2 净交换量为基础，但由于数据和资料的有限性，本研究只对几个水生态系统的初级生产量或是净初级生产量进行了计算，这样会造成评估的不全面。另外，以文献为基础，用初级生产量或净初级生产量去推算生态系统净 CO_2 交换量也会因为区域气候因子等因素不同而造成一定的偏差。因此，本研究采用生态系统 CO_2 净交换量与初级生产量或是净初级生产量的比率作为几个水生态系统 CO_2 净交换量与全部水生态系统 CO_2 净交换量的比率的校正系数，即直接以北京市水生态系统初级生产量或净初级生产量为基础，对北京市水生态系统固定 CO_2 和释放 O_2 量进行计算。参考近海生态系统光合作用方程，浮游植物每产生 1g 干物质能固定 $3.67gCO_2$，同时能向空气中释放 $2.67gO_2$。根据光合作用方程湿地植物每产生 1g 干物质能固定 $1.63gCO_2$，同时能向空气中释放 $1.20gO_2$，则计算的几个水生态系统总固定 CO_2 量为 33.62 万 t，总释放 O_2 量为 24.47 万 t。

三、营养物质循环

营养物质循环是指生态系统绿色植物从大气、水体和土壤等非生物环境中吸收的营养物质进入生态系统后在各生物间流动，最后重新归还到环境中，然后再次被植物吸收进入生态系统中，反复传递和转化的过程。水生态系统的营养物质循环主要在水体、生物、泥层之间进行，是营养元素迁移、富集、循环等生态过程的综合反映。水生态系统的营养物质循环主要包括植物体内的营养元素的积累、流经植物体的营养物质、泥层的积累、地下水被开采使用后重新归还到土壤、河流、湖泊、海洋的营养物质（地下水会从土壤中获得大量的营养物质，在被开采使用后，地下水中所含的营养物质进入土壤、河流、湖泊、海洋，开始生态系统物质循环）。

以水生态系统的植物净初级生产力作为计算参与循环的营养元素量的基础，营养物质循环不仅包括存留在植物体内的营养元素的积累，还包括流经植物体的营养物质。根据以上初级生产力或净初级生产力的估算，北京水生态系统浮游植物初级生产量为 9.00 万 t，浮游植物 N、P 含量约占其干重的 7.98% 和 0.94%（林婉莲等，1985），则浮游植物所持留的和流经浮游植物的 N、P 含量分别为 7182t 和 846t；在不缺乏营养的情况下，大型水生植物的 N 含量为 13mg/g、P 含量为 3mg/g 以上（倪乐意，1999），则北京湿地大型湿生植物生产量为 3623.94t，则大型水生植物所持留的和流经大型水生植物的 N、P 含量分别为 47.11t 和 10.87t。根据水源八厂的地下水检测资料，取检测的平均值，地下水中的 N、P、K 的含量分别为 3.593mg/L、0.055mg/L、2.55mg/L，2008 年地下水供水量为 22.9 亿 m^3，则地下水中参与循环的 N、P、K 营养物质含量分别为 8228.73t、125.95t、5839.50t。最后计算得到参与循环的 N、P、K 营养元素总的含量分别为 15 457.84t、982.82t、5839.50t。

四、生物多样性保护

生物多样性是指从分子水平到生态系统水平的各个组织层次上的不同的生命形式，包括 3 个层次的概念：物种的多样性、遗传的多样性和生态系统的多样性（《中国生物多样性国情研究报告》编写组，1998）。水生态系统既是生命的起源地，又是生物的栖息地，是天然的丰富的基因库（吕宪国，2004）。水生态系统因其特殊的生态环境而具有高度的生物多样性，它为各类生物如甲壳类、鱼类、两栖类、爬行类、兽类提供了生息、繁衍、迁徙的生境（陆健健等，2006），更是珍稀水禽的繁殖和越冬地（吕宪国，2004）。

北京湿地类型较丰富，分布广泛，主要包括河流湿地、水库湿地、公园（湖泊）湿地及水稻田等自然湿地和人工湿地，构成了北京独特的湿地生态景观，北京湿地具有区域差异显著、生物多样性丰富的特点（宫兆宁等，2007）。

北京提供生物多样性保护功能的水生态系统主要包括野鸭湖湿地（鸟类 15 目 52 科共 233 种，其中，国家一级保护鸟类 4 种，国家二级保护鸟类 23 种）、汉石桥湿地（有国家重点保护物种 20 种，其中，国家重点保护野生植物 1 种，重点保护野生动物 19 种）等（陈卫等，2007）。

北京水生态系统生物多样性丰富，本研究主要对北京水生态系统所保护的国家一级、国家二级、北京一级、国家保护的有益的或有重要经济和科学研究价值的鸟类进行了计算。根据陈卫等（2007）的研究成果，北京湿地栖息有国家一级保护鸟类 6 种、国家二级保护鸟类 38 种，国家保护的有益的或有重要经济和科学研究价值的鸟类 205 种；北京市一级保护鸟类 22 种、二级保护鸟类 89 种；被列入《濒危野生动植物种国际贸易公约》附录Ⅰ的 5 种、附录Ⅱ的 23 种、附录Ⅲ的 8 种，列入《中国濒危动物红皮书》的 21 种，考虑到国家保护的有益的或有重要经济和科学研究价值的鸟类与国家一级保护鸟类的重复数为 1 种，与北京一级保护鸟类的重复数为 21 种，所以在对湿地保护鸟类的价值进行计算时，扣除其重复数，则北京水生态系统保护的鸟类分别为国家一级 6 种，国家二级 38 种，北京一级 22 种，国家保护的有益的或有重要经济和科学研究价值的鸟类 183 种（扣除与国家一级、北京一级的重复数），北京水生态系统保护鸟类名录见附录 1。

五、生活质量改善

随着人类物质生活水平的提高，人类对于生活质量的追求和享受越来越高，也越来越愿意花费一定的财产来改善生活质量。人类不仅对休闲、娱乐和美学享受等服务有着越来越高的需求，对生活用水的要求也越来越高，在水价符合个人支付意愿的情况下，人类往往不会满足于仅够维持自己最低生活所需水量，而总是会多消费一部分水量来改善自己的生活质量。水生态系统作为提供给人类水资源的重要源泉，在生活质量改善的功能方面起着重要的作用。

生活质量改善主要是考虑人在生活过程中本可以减少但为了提高自己生活质量而愿意支付的一部分水资源量的价值，根据 Chen 和 Yang（2009）的情景模拟研究的结果，在一定的阶梯水价情景下，北京市居民满足基本生活需求的人均生活年最低用水量为 14m³，北京市 2008 年居民家庭生活用水量为 7.4 亿 m³（北京市水务局，2009b），北京市 2008 年常住人口为 1695 万人（北京市统计局，2009），则 2008 年北京市居民用于改善生活质量的总用水量为 5.027 亿 m³。

六、产业贡献

水不仅可以为水域中的生物群落及以水域为栖息地的生物生存、繁衍、迁徙等创造条件，也可以为非水域中的生产生活活动创造条件（包括为森林植物生长、工业和农业等产业生产创造条件），构建和形成生态生产环境，促进产业发展，给人类带来经济利益。

七、预防地面沉降

地面沉降是指在一定的地表面积内所发生的地面水平面降低的现象，其形成的原因主要包括地质原因和人为原因（赵常洲等，2006），其造成的经济损失涉及面广，影响范围大（李善峰等，2006）。吕晓俭（2005）指出，北京地面沉降主要是人为原因导致的，其中最主要的原因就是地下水的过量开采。北京地下水主要是开采地表以下的 70 ~ 200m 的承压含水层，若开采过量，水位不断下降，造成含水层骨架压缩，直至固结，将产生地面沉降（王祎萍，2004）。因此，地下水对于稳定地层、预防地面沉降具有重要作用。

地下水通过预防地面沉降从而减少因地面沉降造成的直接经济损失和间接损失，从而间接为人类带来利益。地面沉降造成的直接经济损失包括高程损失、设施损失、水准测量损失等；间接经济损失包括城市积水加重带来的损失、防洪费用损失、海水入侵损失等（叶晓宾等，2007）。

由于长期超采地下水，华北平原已成为我国最大的地面沉降区，地面沉降造成了巨大的直接经济损失和间接经济损失（叶晓宾等，2007）。根据华北平原地面沉降调查与监测综合研究，随着地面沉降灾害所造成的损失数额的不断增大，间接损失在总损失中所占的份额越来越大，这也说明沉降后期造成的影响已经越来越广泛，从侧面反映了地下水预防地面沉降所能产生的直接效益和间接效益是巨大的。

2004 年北京地下水储变量为 − 3.66 亿 t，多年累计储变量为 − 77.66 亿 t（北京市国土资源局，2004），地下水的大量超采造成了大面积的沉降区，带来了巨大的经济损失。根据华北平原地面沉降调查与监测数据，北京市因地面沉降灾害所造成的直接损失达 44.794 亿元，间接损失达 39.75 亿元，合计 84.544 亿元。根据地质勘查部门分析，平原区地下水总储量为 1100 亿 m^3 左右，在不会造成不可逆的地质环境灾害的情况下，超采极限埋深平均为 35 ~ 40m，在地下水现有埋深的基础上还可超采 15 ~ 20m，相应地下水储量为 75 ~ 100 亿 m^3（北京市发展和改革委员会，2006a）。显然，通过评价地下水位下降导致地面沉降所造成的经济损失，可以间接估计地下水对预防地面沉降的作用和带来的生态经济价值。在本研究中，预防地面沉降的地下水储量取 75 亿 m^3。

八、形成地质景观

地下水的地质作用对地质景观的形成有着重要的作用，但这种地质景观是在地球演化的漫长地质历史时期，由于内外力的地质作用，形成、发展并遗留下来的（北京市国土资源局，2004）。地下水中含有一定数量的 CO_2，比水的溶解能力要强，它能溶解碳酸盐岩（主要为石灰岩和白云岩两类），使其变为溶于水的重碳酸盐，随水流失。

$$CaCO_3 + CO_2 + H_2O \rightarrow Ca（HCO_3）_2$$

随着地下水中的 CO_2 含量的增加，其溶解石灰岩的能力也在增强，石灰岩中常发育裂隙，溶蚀作用使岩石孔隙、洞穴、裂隙逐渐扩大，大洞穴上部岩层因失去支撑而垮塌陷落，在石灰岩地区，因化学溶蚀作用会形成一些奇特的地质现象。

地下水的地质作用，造就了北京的岩溶洞穴、水文遗迹等地质景观。石花洞地质公园更是形成了 7 层不同高度的溶洞及洞内次生化学沉积景观，这些地质景观为北京地区发展旅游提供了丰蕴的地质景观资源（综译，2008）。

第五节　文化服务功能

除了产品提供、调节和支持功能外，水及水生态系统还有文化服务功能。文化服务功能是指人类通过认知发展、主观映象、消遣娱乐和美学体验，从生态系统中获得的非物质利益（欧阳志云等，2004）。水作为"自然风景"的"灵魂"，其文化娱乐服务功能是巨大的。同时，作为一种独特的地理单元和生存环境，水生态系统还具有历史文化承载能力，对形成独特的传统、文化类型影响很大。水生态系统的文化服务功能蕴涵重要的美学价值、文化多样性、教育价值、灵感启发、文化遗产价值、旅游与休闲娱乐价值等。

北京水及水生态系统的文化服务功能，主要体现在水及水生态系统依托首都独特的地域特征，给人们带来的美学景观享受，并借此提高了旅游景区价值，提升了水景观周边房地产的价值；还体现在地热水（温泉）带来的疗养保健功能，河流湖泊承载的历史文化价值等方面。北京水文化服务功能主要包括旅游休闲娱乐功能、景观功能以及水文化传承功能等（图 3-14）。

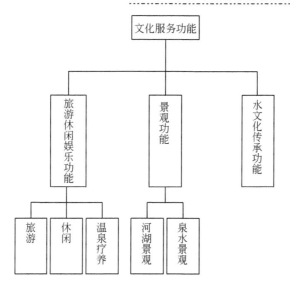

图 3-14 北京市水生态系统文化服务功能构成

一、休闲娱乐

人类的休闲活动离不开自然景观，而水是自然景观的灵魂。流动的水体和稳固的岸体构成了河流景观动与静的和谐统一。人类通过旅游和休闲娱乐，可以获得安谧性、运动性、持续性和舒适性的美学享受和精神体验。对人类行为过程模式研究的结果显示，人类偏爱含有植被覆盖和水域特征并具有视野穿透性的景观（鲁春霞等，2001）。例如，划船、钓鱼、游泳等在河流湖泊内进行的娱乐活动以及沿河岸的露营、野餐和远足等休闲活动，这是对河流湖泊风光的美学体验和感官享受。

发达国家的民意调查显示，"工作第一"的劳动价值本位观念已经转变为"工作和休闲同等重要"。这一趋势在我国已初露端倪，在北京尤其明显。根据北京市统计局的资料，"十五"期间，北京市城市居民家庭人均可支配收入平均每年增长 11.2%，2005 年达到 17 653 元，比 2000 年增长 70%。收入逐年增加，消费需求也发生较大变化。2005 年，人均消费支出 13 244 元，比 2000 年增长 56%，年均增长 9.3%。2005 年居民家庭人均用于文化娱乐服务支出 584.4 元，比 2000 年增长 3.1 倍，年均增长 32.6%。其中，旅游支出人均 431.3 元，比 2000 年增长 1.16 倍，年均增长 16.6%。2005～2007 年，由于其他原因，人均消费支出增速减缓，其中人均娱乐服务支出增速也减缓，2006～2007年甚至出现了负增长（表3-17）。

表3-17　2000～2007年全市平均娱乐服务支出增长率　　（单位:%）

项目	2000～2005年均增长率	2005～2006年增长率	2006～2007年增长率
可支配收入	11.2	13.2	10.1
人均消费支出	9.3	11.9	3.4
人均娱乐服务支出	32.6	15	−5.2

资料来源：北京旅游信息网（http://www.bjta.gov.cn/）；北京统计信息网（http://www.bjstats.gov.cn/）。

根据旅行费用支出和娱乐功能的不同，水休闲娱乐功能主要表现在三个方面。

（一）旅游

旅游活动包括观光、远足、水上娱乐活动等。随着北京旅游的不断发展，旅游业已经逐渐成为北京市支柱产业（表3-18）。

表3-18　2001～2008年北京市旅游行业信息表

年份	国内游客/亿人	国内旅游收入/亿元	境外游客/万人	外汇旅游收入/亿美元	旅游总收入/亿元
2001	1.1	887.7	285.8	29.5	1 131.9
2002	1.15	930	310.4	31	1 186.6
2003	0.87	706	185.1	19	863.3
2004	1.2	1 145	315.5	31.7	1 407.4
2005	1.25	1 300	362.9	36.2	1 592.2
2006	1.32	1 482.7	390.3	40.3	1 794
2007	1.4	1 753.6	435.5	45.8	2 103
2008	1.4	1 907	379	44.6	2 219.2
合计	9.69	10 112	2 664.5	278.1	12 298

资料来源：北京旅游信息网（http://www.bjta.gov.cn/）；北京统计信息网（http://www.bjstats.gov.cn/）。

水景观在旅游中发挥了不可替代的作用。全市水景观景区遍布主城区和昌平、怀柔、延庆、密云、平谷、门头沟等城市上游地区，其中，城区的玉渊潭、昆明湖等水环境优美,每天都能吸引大量游客前去观光游览和进行亲水活动,远郊区县的十渡、龙庆峡、青龙峡、黑龙潭等也有众多游客。根据重要程度和形成机理不同,北京市涉水景观主要分3类(表3-19)。

表3-19 北京市著名涉水旅游景区

类型	景区名称	水景观	旅行方式	支付方式	管理方式
水景观是核心	玉渊潭公园	玉渊潭	观光、划船	门票	全封闭
	十渡风景区	拒马河	观光、亲水	门票	半封闭
	龙庆峡景区	古城水库	观光、划船、亲水	门票	全封闭
	十三陵水库景区	十三陵水库	观光、快艇、亲水	门票	半封闭
	黑龙潭景区	十八名潭	观光、亲水	门票	全封闭
	碓臼峪风景区	碓臼峪溪水	观光、亲水	门票	全封闭
	青龙峡风景区	青龙峡水库	观光、划船、亲水	门票	全封闭
	稻香湖公园	稻香湖	观光、亲水	门票	全封闭
	雁栖湖景区	雁栖湖	观光、亲水	门票	全封闭
	翠湖湿地公园	翠湖湿地	观光、划船、亲水	门票	全封闭
	珍珠湖景区	珠窝水库	观光、划船、漂流	门票	全封闭
	桃花坞景区	桃峪口水库	观光、划船、亲水	门票	半封闭
水景观在景观中占据重要作用	颐和园	昆明湖	观光、划船	门票	全封闭
	云蒙山风景区	溪流水潭	观光、亲水	门票	全封闭
	雾灵山风景区	溪流水潭	观光、亲水	门票	全封闭
	虎峪风景区	溪流水潭	观光、亲水	门票	全封闭
	沟崖风景区	德胜口水库	观光、亲水	门票	全封闭
因水形成的景观	石花洞地质公园	石花洞	观光	门票	全封闭

资料来源:首都园林绿化政务网(http://www.bjyl.gov.cn/gyfjqyl/cs/)。

(1)第一类景观。水景观是这类景观的核心,居景观构成要素的首位。比较著名的景区包括玉渊潭公园、十渡风景区、龙庆峡景区、十三陵水库景区、黑龙潭景区、青龙峡景区、碓臼峪景区、雁栖湖景区、翠湖湿地公园、稻香湖景区等。

(2)第二类景观。水景观在这类景观中占有重要地位,但不是首要要素。比较著名的景区如颐和园、圆明园、云蒙山风景区、雾灵山风景区等。

(3)第三类景观。这类景观是因水的作用形成的。比较著名的景区主要有国家地质公园景区石花洞,以及房山、平谷等地区的相关溶洞等。

按照收费方式的不同，北京市水景观可以分为全封闭和半封闭两种。旅游部分的服务价值主要考量游客在一些全封闭和半封闭景区的旅游休闲活动，这部分费用计入旅游部门旅游收入。根据北京市园林绿化局的统计，2008年全市公园及风景名胜接待游客1.76亿人，其中付费旅游人数1.11亿人次。

（二）休闲活动

随着生活质量的提高，人们对水生态系统带来的优美水环境需求也在不断地增长，河流湖泊的休闲功能越来越受到人们的重视。

在北京的涉水休闲活动中，主要有观光、远足踏青、漂流、垂钓，以及其他亲水活动。涉水景观主要分3类（表3-20）。

表3-20　北京市主要休闲水域目的地

类型	水域景观名称	水域性质	休闲功能	支出方式
免费公园	紫竹院公园	湖泊	观光休闲	旅费
	团结湖公园	湖泊	观光休闲	旅费
	红领巾公园	湖泊	观光休闲	旅费
	菖蒲河公园	河流	观光休闲	旅费
	北滨河公园	河流	观光休闲	旅费
	人定湖公园	湖泊	观光休闲	旅费
城区、近郊区开放水域	六海	湖泊	观光、划船、垂钓、亲水	旅费、租赁费
	北护城河	河流	观光、亲水	旅费
	转河	河流	观光、亲水	旅费
	昆玉河	河流	观光、亲水、游艇	旅费、租赁费
	沙河水库	水库	观光、远足、观鸟	旅费
	上庄水库	水库	观光、远足、垂钓	旅费
	温榆河	河流	观光、远足	旅费
远郊区开放水域	拒马河	河流	观光、远足、漂流	旅费、租赁费
	妫河	河流	观光、漂流	旅费、租赁费
	潮白河	河流	观光、远足、划船、亲水	旅费
	野鸭湖	湿地	观光、观鸟	旅费
	斋堂水库	水库	观光、垂钓	旅费
	三家店水库	水库	观光	旅费

资料来源：首都园林绿化政务网（http://www.bjyl.gov.cn/gyfjqyl/cs/）。

（1）城区免费公园内水景观。主要的休闲活动包括观光、划船、亲水等。免费水景观公园，其中河湖水域是在公园封闭管理，但是免收门票，比如紫竹院公园、团结湖公园、红领巾公园、人定湖公园、菖蒲河公园、北滨河公园等，可以免费进入进行休闲娱乐。

（2）城区及近郊区开放水域。通常适宜观光、垂钓、远足、踏青、划船、亲水等。城区及近郊区开放水域，距离城市近，居民可以比较方便地实施亲水活动。比如城区的后海、北护城河、昆玉河、转河等，人人都可以观光，部分水域可以划船亲水，其中后海可以划船、泡吧、赏水景，北护城河是适合散步晨练的较为著名的地方；城市西部、北部近郊区的水库、湖泊、河流和湿地，由于水域水环境好，景观优美，常年吸引人们前去观光、远足、垂钓、野餐，比如温榆河远足、上庄水库钓鱼、沙河水库观鸟等休闲活动都很著名。

（3）远郊区开放水域。通常适宜观光、远足踏青、垂钓、漂流等。远郊区县的水域景观，主要有拒马河、潮白河、斋堂水库、三家店水库、妫河、野鸭湖等，可以观景、远足、垂钓、漂流等，其中，野鸭湖湿地观鸟、拒马河妫河漂流等较为著名。

根据北京市园林绿化局的统计，2008年全市公园及风景名胜接待游客1.76亿人次，其中免费游览休闲人数0.67亿人次。

（三）温泉

水及水生态系统的第三类休闲文化服务功能是温泉保健功能。温泉水是一种带有地热能量的泉水，其水温高于环境年平均温度5℃以上，具有良好的疗养保健功能。北京的温泉除普遍含有F（氟）、H_2SiO_4（偏硅酸）等有益于人体健康的组分，为F、H_2SiO_4医疗矿水外，还含有一定量的微量元素，有一定的医疗、保健、养生作用（北京市国土资源局，2006）。

北京平原地区地热资源的开发利用条件在很大程度上取决于热储层埋藏深度及相应的热储层温度，具备当前和今后一段时期内开发地热的地区分布范围约2760km^2，延庆等10个地热田的分布如图3-15所示。随着北京地热资源的开发，近年来已逐步发展出很多经营性的温泉浴池及集医疗、洗浴、休闲娱乐、健身于一体的多功能温泉度假村，这其中以昌平小汤山温泉最为著名，并由此形成了首都的温泉疗养产业，这些温泉酒店以小汤山为中心向西北、东南扩展（图3-16）（北京市国土资源局，2006）。

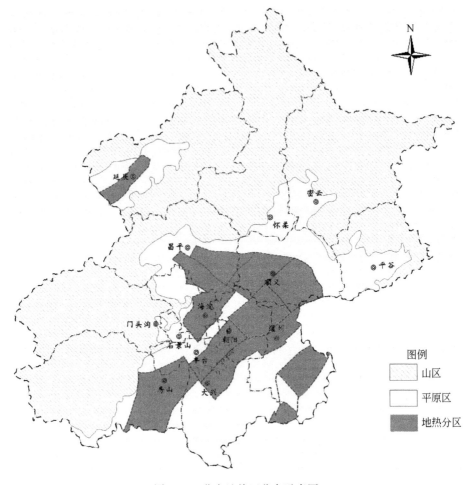

图 3-15　北京地热田分布示意图

资料来源:《2009 年度北京市矿产资源年报》。

二、水景观功能

　　水作为生态系统的一部分,是自然景观的重要组成部分,水体－陆地的镶嵌格局使它具有显著的景观特异性。水生态系统和陆地生态系统的结合、上游森林草地景观和下游的湿地景观的结合,使它具有景观多样性。水景观包括河湖景观和泉水景观。

图 3-16 北京市主要温泉酒店分布示意图

（一）河湖景观

河湖景观对人们具有强烈的吸引力，自古以来，我们祖先择居的一个重要原则就是依山傍水，尤其是傍水而居。现代人也有强烈的亲水需求。在现代化城市中，由于人口稠密，生态河流及湖泊是稀缺资源，所以就有越来越多的人希望能住在风景优美的水边。人们之所以会有亲水的情感，可以从生态学和心理学两个角度来理解。从生态学角度看，水是生命之源，有调节气候、滋养生物（包括植物和动物）、有益健康的功能；从心理学角度看，小桥流水、碧波荡漾，是可以怡情养性的美景。水是大自然中最壮观、最活泼的因素，因为其清静而富有灵性，使现代都市景观离不开水系的滋润和烘托。

北京具有丰富的水景观资源。通过多年河湖生态治理，增加河道生态用水，全市水景观逐步恢复。水景观具有怡心养性的景观功能以及调节气温、净化空气环境的作用，使绝大多数购房者认同与向往。北京房地产界热炒亲水住宅，正是抓住了人们向往水的心理。目前，市区六海、昆玉河、北护城河、转河等河湖，紫竹院、玉渊潭等水域公园，温榆河等近郊区河湖周边的房地产价格普遍高于附近相同档次的房地产，水景观对房地产价格的推动作用明显。

在北京的水景房中，房屋的地理位置、周边环境、特征不同，房屋的价格也会不同。搜房网（http：//www.soufun.com/）对372位购房者进行问卷调查，得到有效问卷370份。其中，79%的被访者喜好水景住宅；景观、朝向不能兼得时，有47.8%的购房者选择水景景观；46.2%的购房者认为水景住宅带给人们精神享受；51.1%的购房者赞同建造"人工生态景观湖"。所以，在其他条件都相同的前提下，住宅亲水会比不亲水价格要高，这个价格差反映了人们亲水的偏好。为了享受临近水景所带来的效用，人们愿意为此多付出一些钱，就通过市场竞价提高了周边房地产市场价格，这是河湖生态用水的景观价值通过房地产市场的反映。

亲水住宅的房价与水景观息息相关，好的水景观能大幅增加房地产价值，而不好的甚至坏的水环境可能不会给房价增加多少，甚至会有负价值。凉水河在治理以前是南城有名的臭水沟，在一定程度上影响了周边房地产的发展，价格一直不温不火，甚至低于附近房地产价格，2007年凉水河治理以来，沿岸房价直线上升，已经比附近房地产价格高出不少。北京市水景房基本都分布在城市近郊区水域景观较好的区域，例如，后海周边、紫竹院公园周边、玉渊潭公园周边、昆玉河周边、北护城河周边、长河周边、转河周边、温榆河周边等房地产价值增值都更为明显（图3-17）。

（二）泉水景观

除水面景观外，泉水也能带来独特的景观享受。泉水为地下水在地表的天然露头，泉水不但为人类提供了理想的水源，同时也能构成许多观赏景观和旅游资源。

在历史上，北京是一个水资源丰富的地区，泉眼曾经遍布全城，尤以海淀区为最。海淀本身就由水得名。海淀有很多名泉，其中以玉泉山泉群最为著名。玉泉山东南麓遍布着大小泉眼，自金代开始即被开发利用，是为元、明、清时代京城供水的水源地，造福北京近800年，极负盛名。比较有名的有涵漪斋泉、迸珠

图 3-17 转河沿岸的水景房

资料来源：该图片由北京市水利设计规划研究院的高天牧提供。

泉、天下第一泉、裂帛湖泉、试墨泉、镜影涵虚泉、涌玉泉和宝珠泉等，其中天下第一泉为乾隆皇帝命名，出水量大，水质优（刘延恺，2008）。

除玉泉山泉水群外，莲花池、紫竹院等地都有著名的泉眼。莲花池是北京城的发祥地，历史上曾有"先有莲花池，后有北京城"之说。3000 多年前，蓟城就是以莲花池泉水为供水水源而建的。20 世纪 50 年代北京市泉眼出水量锐减，之后随着北京市大幅度开发地下水，地下水位不断下降，70 年代泉水彻底枯竭（刘延恺，2008）。

三、水文化传承

水还有文化传承功能。河流生态系统的自然美带给人们多姿多彩的科学与艺术创造灵感。不同的河流景观孕育着不同的地域文化和宗教文化，如尼罗河孕育的埃及文明、黄河孕育的中华文明，由此也形成了各具特色的美学意向、艺术创造和民风民俗。在这种意义上，河流生态系统是人类重要的文化精神源泉和科学技术及宗教艺术发展的永恒动力（鲁春霞，2001）。

北京具有悠久的历史和灿烂的文化,北京城的发展与水息息相关,水文化在北京历史文化中占据重要地位。北京的水文化主要体现在水利文化、运河文化等方面,其中比较有代表性的水域有如下几个。

(1)永定河。北京城因永定河而建,永定河是北京的母亲河。首先,永定河冲积扇为北京城的形成和发展提供了优越的地理空间;其次,永定河上的古渡口是北京城原始聚落蓟城形成的重要条件之一;再次,永定河水是北京城直接或间接的主要水源。永定河既是北京的母亲河,也给北京城带来了洪水灾害。永定河的水文化主要体现为水利文化,即开凿灌渠灌溉良田、修筑堤防抵御洪水(中共门头沟区委宣传部,2004)。

(2)北运河。如果说永定河是北京的母亲河,北运河则是北京的血脉。北运河是大运河的最北段,起自通州北关闸(刘延恺,2008)。大运河与万里长城,被列为世界最宏伟的四大古代工程之一,是中国古代劳动人民和一大批水利专家征服自然、改造自然的伟大创造。大运河是世界上开凿时间最早、流程最长的人工运河,开凿于春秋,完成于隋,繁荣于唐宋,取直于元,疏通于明清,距今已2400多年的历史(中国传统文化总网,2008)。北京因运河而繁荣,北运河的文化主要体现在漕运文化。北京城很大一部分建设、生活、生产所需物质都经由运河而来,南方的粮食、木材、石料、布匹等物质由此源源不断进入京城。元朝时什刹海、积水潭一带车水马龙,是全国最繁华的水陆码头,通州更是因临近运河码头逐渐繁荣并发展起来,并成为京东重镇(舒乙,2009)。

(3)六海。六海包括后三海(西海、后海、前海)和前三海(北海、中海和南海),是京城内的重要水系。六海原是永定河故道的洼地,后因潴水而形成湖泊。元代六海位于都城中部,其北部称积水潭或海子,南部称太液池(只有北海和中海,没有南海);明、清时北部称什刹海,南部仍称太液池(含南海);民国时期北部称什刹西海、什刹后海、什刹前海,简称西海、后海、前海,南部则称北海、中海和南海,中海、南海又合称中南海,大致已形成现在六海的格局。历史上六海水系水源来自西山、北山诸泉,自北向南流向,两岸名胜古迹众多,为北京重要的历史文化区域(刘延恺,2008)。历史上,六海曾经是给北京内城运输物质距离最近的码头,主要表现为漕运文化,而后逐渐成为皇家园林的一部分,又形成了独特的皇家园林文化。目前的六海特别是后海,又形成了独特的酒吧文化,成为新的市井娱乐文化。

(4)护城河。北京城的护城河有两个。一个是围绕皇城的护城河,又称紫禁城护城河,建成于明代永乐十八年(1420 年),条石垒砌驳岸,坚固陡直,亦称筒子河。河水自西北流入,向东南流出至御河。护城河至今已有 580 年的历史。另一个是北京城外护城河,是围在北京城墙外的护城河,由于建设的原因,目前大部分已经成为暗河。护城河文化主要体现在冷兵器时代战争文化与建筑文化的结合(刘延恺,2008)。

(5)昆明湖。昆明湖位于颐和园内,由东湖、西北湖(团城湖)、西南湖 3 处水面组成,水面面积占公园的四分之三,是颐和园的重要景观。昆明湖前身叫瓮山泊,因万寿山前身有瓮山而得名。清乾隆皇帝在瓮山一带兴建清漪园,将湖开拓,成为现在的规模,并根据汉武帝在长安开凿昆明池操演水战的故事,命名昆明湖。昆明湖不但承载了历史文化,也承载了重要的供水功能。昆明湖是明、清时期是北京城的唯一地表水源,京密引水工程竣工后,昆明湖可接受京密引水渠和永定河引水渠两条引渠供水,成为向工业和城区供水的调节库(刘延恺,2008)。

(6)玉泉山泉群。前面提到的玉泉山泉群不但蕴涵重要的景观文化,也蕴涵丰富的水利文化。

(7)长河(南长河)。长河全长 30 多里(1 里 = 0.5km),源自西山山麓,经昆明湖,至海淀麦庄桥,折向东南,遇西直门注入北护城河,再东流至德胜门入"水关"进积水潭。辽代以前名高梁河,又名长河、御河,是永定河迁徙遗留的故道。金代开挖,元代都水监郭守敬引白浮泉及西山诸泉水通过这条河道入大都城,再连接通惠河,以兴漕运。历代向北京城供水,成为通惠河的输水河道,也是供皇家游览的唯一水道。长河沿线自然景观独特、文物遗址和重要建筑集中,文化内涵十分丰富。长河水文化主要体现为漕运文化和水利文化(刘延恺,2008)。

第六节　北京水生态服务功能量

综合以上分析和评价,北京水生态服务功能按照提供产品、调节功能、支持功能和文化服务功能分类,根据功能属性,按照不同功能测度指标进行汇总,可以发现北京水生态服务功能极为重要,为保障北京生态安全和经济社会的发展起着关键的基础性作用。北京水生态服务功能量汇总详见表3-21。

表 3-21　北京水生态服务功能量汇总

评价项目	评价指标	北京水生态服务功能	
		功能量指标	功能量（2008 年）
提供产品功能	居民生活用水	城镇生活用水量/亿 m³	5.43
		农村生活用水量/亿 m³	2.02
	产业用水	第一产业用水量/亿 m³	11.98
		第二产业用水量/亿 m³	5.24
		第三产业用水量/亿 m³	11.05
	渔业产品	渔业产量/万 t	6.08
	水电蓄能	水电蓄能量/(亿 kW·h)	4.18
	水源地温	水源地热发热量/10¹¹ J	20 005.66
调节功能	地表水资源调蓄	地表水调蓄量/亿 m³	12.80
	地下水调蓄与补给	地下水调蓄量/亿 m³	21.40
		地下水补给的机会成本/亿 m³	
	水质净化	COD 降解量/万 t	7.80
	气候调节	水面蒸发水汽量/亿 m³	3.11
		水面蒸发吸收热量/10¹¹ J	7.02×10^6
	洪水调蓄	洪水调蓄量/亿 m³	20.72
	净化空气	增加负离子量/个	4.23×10^{18}
		降低粉尘量/万 t	2.45
支持功能	固碳	固定 CO_2 量/万 t	33.62
	释氧	O_2 释放量/万 t	24.47
	营养物质循环	主要营养元素总量/万 t	2.23
	生物多样性保护	国家Ⅰ级保护生物物种数/种	6
		国家Ⅱ级保护生物物种数/种	38
		北京Ⅰ级保护生物物种数/种	22
		国家保护的有益或有重要经济和科学研究价值的生物物种数/种	183
	生活质量改善	用水改善生活的居民生活用水量/亿 m³	5.03
	预防地面沉降	地下水储量/亿 m³	75

续表

评价项目	评价指标	北京水生态服务功能	
		功能量指标	功能量（2008 年）
文化服务功能	旅游娱乐	与水相关的旅游景点（旅游人数）/亿人次	1.11
		水休闲娱乐地点和休闲人数/万人次	后海等/6 724
		温泉旅游娱乐地点和休闲人数/万人次	温都水城等/2 500
	水景观功能	水景观地产分布	六海、昆玉河等城市河湖
	水文化传承	大运河等水文化代表	大运河等

第四章　北京水生态服务价值

按照效用价值论的观点，水生态系统具有价值，其价值来源于水生态系统服务功能的有用性。对于人类来说，水生态系统的服务具有个人满足度和主观幸福感。随着水生态系统服务的稀缺性的提高，其服务功能的边际效用也不断提高，水生态系统服务功能的价值的大小也不断上升。

北京水生态服务价值是人类从北京水生态系统获得利益和效用的货币化表现，是由北京水生态系统各种服务功能的使用价值构成的。北京水生态服务价值可以归纳为以下4类。

（1）直接利用价值，即北京水生态系统产出的产品所带来的价值，包括产品水、渔业产品、工农业生产要素、景观娱乐等带来的直接价值。

（2）间接利用价值，即北京水生态系统提供的无法商品化的生态服务功能的价值，如空气质量调节、气候调节、水质净化、初级生产、固碳、释氧、生物多样性保护、生活质量改善、预防地面沉降等调节和支持功能带来的间接价值。

（3）选择价值，即人类为保证将来可获得北京水生态系统服务功能的直接利用价值和间接利用价值而愿意支付的价值，如北京水生态系统服务功能中的涵养水源、净化空气、净化水质、水文化传承等，包括个人未来使用、子孙后代未来使用和别人未来使用的北京水生态系统提供的服务功能。

（4）存在价值，即为保证北京水生态系统服务功能而愿意支付的价值，是北京水生态系统自身的价值。

但间接利用价值、存在价值、选择价值之间存在一定的价值重叠，将它们分开是有一定难度的。因此，以北京现有的已知水生态服务功能为基础，按照经济价值的核算方法，采取分类计算各类水生态服务功能量的价值然后加总的方法得到北京水生态服务功能的总经济价值。

第一节　北京水生态服务价值评价指标体系

按照北京水生态服务功能划分，建立北京水生态服务价值评价指标体系。北京水生态服务价值指标体系由提供产品功能价值、调节功能价值、支持功能价值、文化服务功能价值 4 大类功能价值 20 项价值指标构成（图 4-1）。

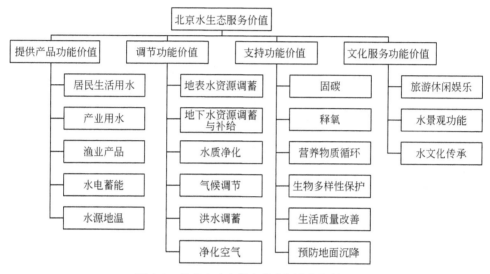

图 4-1　北京水生态服务价值评价指标体系

（1）提供产品功能价值：包括居民生活用水、产业用水、渔业产品、水电蓄能、水源地温 5 项指标。

（2）调节功能价值：包括地表水资源调蓄、地下水资源调蓄与补给、水质净化、气候调节、洪水调蓄和净化空气 6 项指标。

（3）支持功能价值：包括固碳、释氧、营养物质循环、生物多样性保护、生活质量改善、预防地面沉降 6 项指标。

（4）文化服务功能价值：包括旅游休闲娱乐、水景观功能以及水文化传承 3 项指标。

第二节　北京水生态服务价值评价方法

北京水生态服务价值评估研究主要采用了以下评价方法：市场价值法、影子价格法、替代工程法、支付意愿法、旅行费用法、分摊法等（表4-1）。

表4-1 价值评价方法在北京水生态服务价值研究中的应用

价值评价方法	评价内容
市场价值法	居民生活用水、产业用水、食物生产、水电蓄能
影子价格法	地表水资源调蓄、地下水资源调蓄、营养物质循环、生活质量改善、预防地面沉降、释氧（工业制氧成本法）
替代工程法	水源地温、地下水补给、水质净化、气候调节、洪水调蓄、净化空气、固碳（造林成本法）
支付意愿法	生物多样性保护、景观价值、水文化价值
旅行费用法	休闲娱乐、温泉
分摊法	旅游

1. 市场价值法

市场价值法又叫生产法，是直接市场法的一种。市场价值法是指环境资源质量的变化对相应的商品市场产出有影响，因而可以用产出水平的变动导致的商品销售额的变动来衡量环境价值的变动。市场价值法适用于可直接采用市场价值或者生产价值来评价环境资源价值的领域，可信度较高。

$$V = \sum_{i=1}^{n} Q_i P_i \tag{4-1}$$

式中，V 为总经济价值；Q_i 为第 i 项总数量或质量；P_i 为第 i 项的市场价格。

2. 影子价格法

市场价格是商品经济价值的一种表达方式，但由于水生态系统所提供的产品或服务属于"公共商品"，经济学家利用替代市场技术寻找水生态"公共商品"的替代市场，再以市场上与其相同的产品价格来估算该"公共商品"的价值，这种相同产品的价格被称为"公共商品"的"影子价格"。用于评价生态系统释放氧气价值的工业制氧法就属于影子价格法。影子价格法的表达式为

$$V = QP \tag{4-2}$$

式中，V 为水生态系统服务功能价值；Q 为水生态系统产品或服务的量；P 为水

生态系统产品或服务的影子价格。

3. 替代工程法

替代工程法是在生态系统遭受破坏后人工建造一个工程来代替原来的生态系统服务功能，用建造新工程的费用来估计生态系统破坏所造成的经济损失的一种方法。造林成本法也属于替代工程法，它是将生态系统固定 CO_2 的量乘以单位森林蓄积的平均成本而估算出生态系统固定 CO_2 价值的一种方法。替代工程法的数学表达式为

$$V = G = \sum_{i=1}^{n} X_i \tag{4-3}$$

式中，V 为生态系统服务功能价值；G 为替代工程的造价；X_i 为替代工程中 i 项目的建设费用。

4. 支付意愿法

支付意愿法是意愿调查法的一种。支付意愿法是指人们为了获得环境资源或者为了避免环境恶化愿意支付的价值。支付意愿法适用于在缺乏直接和间接的价格数据的前提下进行环境资源价值评估，但支付意愿法容易受被调查人的支付能力、主观偏好等因素的影响。

$$V = \frac{N}{n} \sum_{i=1}^{n} p_i \tag{4-4}$$

式中，V 为总经济价值；n 为样本量；p_i 为第 i 个人的支付意愿价值；N 为环境资源影响范围内的总人数。

5. 旅行费用法

旅行费用法是以消费者的需求函数为基础来进行分析和研究的。旅行费用法是用于估计水生态系统的娱乐价值大小的一种方法。旅行费用法的种类分为区域旅游费用法、个人旅行费用法、随机效用法三种。

1）区域旅游费用法

区域旅游费用法是旅行费用中最为简单的一种，其计算公式如下：

$$Q_i = \frac{V_i}{P_i} = f(C_{Ti}, X_{i1}, X_{i2}, \cdots, X_{ij}, \cdots, X_{im}) \tag{4-5}$$

式中，Q_i 为出发地区 i 的旅游率（$i = 1, 2, \cdots, n$）；V_i 为根据抽样调查结果推

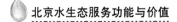

算出来的从 i 区域到评价地点的总旅游人数；P_i 为区域 i 的总人口数；C_{Ti} 为从 i 区域到评价地点的总旅行费用；X_{ij} 为 i 区域旅游者的收入，受教育水平和其他社会经济支出等因素（$j=1, 2, \cdots, m$）。

2）个人旅行费用法

个人旅行费用法类似于区域旅游费用法，其与区域旅游费用法的区别在于它使用的资料都是以个人为基础的统计资料，而不是地区性的资料。它相比于区域旅游费用法来说，结果更为准确，但要求更为详尽的数据资料和复杂的统计分析。

个人旅行费用法（ITCM）的模型如下：

$$V_{ij} = f(P_{ij}, T_{ij}, Q_i, S_j, Y_i) \qquad (4\text{-}6)$$

式中，V_{ij} 为个人到地点 j 的旅行次数；P_{ij} 为每次去 j 地区时个人 i 的花费；T_{ij} 为每次去 j 地区时个人 i 花费的时间；Q_i 为旅行地点的效用衡量，主观品质感觉；S_j 为替代物的特征；Y_i 为个人收入或者家庭收入。

3）随机效用法

在有多个旅游场所时，旅游者对旅游场所的选择（特别是在对旅游场所的情况不是很了解时）具有一定的随机性，在采用分区模型和个体模型时由于没有考虑替代场所，会高估生态系统服务功能的价值，随机效用模型是针对旅游者面临着许多可替代的旅行地，如何做出旅游决定的选择行为模型，具体形式为

$$U_{ji} = f(M_i - C_{ji}, Q_j, S_i) + E_{ji} \qquad (4\text{-}7)$$

式中，U_{ji} 为旅游者 i 选择旅游地 j 时的效用；M_i 为旅游者 i 的收入；C_{ji} 为旅游者 i 到旅游地 j 的旅行费用；Q_j 为生态系统服务的特点；S_i 为旅游者 i 的其他社会经济变量；E_{ji} 为不可观察效用，假设为随机的。

第三节　北京市水生态系统服务价值计算方法

对北京水生态服务功能进行价值核算，先分别对各类功能分项核算，然后加总。由于评价的各功能量的量纲和指标不同，因此采用不同的评价方法（表4-2）。

表 4-2 北京水生态服务价值评价指标体系

评价项目	评价指标	评价功能量	评价方法
提供产品功能价值	居民生活用水	城镇生活和农村生活用水量	市场价值法
	产业用水	第一产业用水量	市场价值法
		第二产业用水量	市场价值法
		第三产业用水量	市场价值法
		环境用水量	市场价值法
	食物生产	渔业产量（值）	市场价值法
	水电蓄能	水电蓄能量	市场价值法
	水源地温	水源地热发热量	市场价值法
调节功能价值	地表水资源调蓄	地表水调蓄量	影子价格法
	地下水资源调蓄与补给	地下水调蓄量、补给的机会成本	影子价格法、替代工程法
	水质净化	COD 降解量	替代工程法
	气候调节	水面蒸发吸收热量、水面蒸发水量	替代工程法
	洪水调蓄	洪水调蓄量	替代工程法
	净化空气	增加负离子量、降低粉尘量	替代工程法
支持功能价值	固碳	固定 CO_2 量	替代工程法（造林成本法）
	释氧	释放 O_2 量	影子价格法（工业制氧成本法）
	营养物质循环	主要营养元素总量	影子价格法
	生物多样性保护	保护生物物种量	支付意愿法
	生活质量改善	居民生活用水量	影子价格法
	预防地面沉降	地下水储量	影子价格法
文化服务功能价值	旅游休闲娱乐	与水相关的旅游景点（旅游人数）	分摊法
		水休闲娱乐人数	旅行费用法
		温泉旅游娱乐人数	旅行费用法
	水景观功能	水景观地产分布	市场价值法
	水文化传承	大运河等水文化代表	支付意愿法

一、提供产品功能价值计算

（一）居民生活用水

北京水生态系统提供的居民生活用水是可以进行交换的产品，所以在评估其生态服务功能价值时采用市场价值法，利用现行水价，把居民生活用水量作为考量指标，来衡量居民生活用水的价值。计算公式为

$$V_{p1} = P_{p1} \cdot Q_{p1} \tag{4-8}$$

式中，V_{p1} 为居民生活用水价值；P_{p1} 为居民生活用水水价；Q_{p1} 为居民生活用水量。

根据北京现行水价（京发改〔2004〕1517号），居民用水水价为 3.7 元/m³，包括自来水价格 2.8 元/m³ 和污水处理费价格 0.9 元/m³。

（二）产业用水

北京市产业用水功能价值计算采用市场价值法，计算公式为

$$\sum_{i=1}^{3} V_{pi} = P_{pi} \cdot Q_{pi} \tag{4-9}$$

式中，V_{pi} 为第 i 产业用水价值；P_{pi} 为第 i 产业用水水价；Q_{pi} 为第 i 产业用水量。

北京市产业用水服务功能价值分别按照农业、工业和第三产业的服务功能价值计算。2008 年北京市各个产业的用水水价参见表 4-3。

表 4-3　北京市各行业用水水价　　（单位：元/m³）

行业类型		自来水价格	污水处理费价格	综合价格
农业				0.2
工业		4.1	1.5	5.6
第三产业	行政事业	3.9	1.5	5.4
	工商业	4.1	1.5	5.6
	餐饮业	4.6	1.5	6.1
	洗浴业	60	1.5	61.5
	洗车业	40	1.5	41.5
	环境用水	2.8	0.9	3.7
中水		1.0	0	1.0

（三）食物生产

北京水生态系统提供的食物生产功能价值按照渔业产品的价值计算，公式为

$$V_{p3} = P_{p3} \cdot Q_{p3} \qquad (4\text{-}10)$$

式中，V_{p3} 为渔业产品价值；P_{p3} 为渔业产品价格（单价）；Q_{p3} 为渔业产量。

以《北京统计年鉴》2009 年渔业产值数据为渔业产品价值，为 9.8 亿元（此价值包括一部分海水产品价值）。

（四）水电蓄能

北京水生态系统提供的水电蓄能价值采用市场价值法进行评估。

$$V_{p4} = P_{p4} \cdot Q_{p4} \qquad (4\text{-}11)$$

式中，V_{p4} 为水电蓄能价值；P_{p4} 为水力发电电价；Q_{p4} 为水力发电量。

2008 年北京市各个水电站的发电量参见表 3-7。参照北京市 2008 年的水电上网电价和实际收费价格，水力发电站官厅水电站水电价格为 0.2 元/（kW·h），永定河下马岭水电站、永定河下苇甸水电站和潮白河密云水电站的水电价格为 0.364 元/（kW·h），十三陵抽水蓄能电站的实际收费价格为 0.8 元/（kW·h）。

（五）水源地温

北京水生态系统提供的水源地温功能的价值计算采用市场价值法。

$$V_{p5} = P_{p5} \cdot Q_{p5} \cdot \theta \qquad (4\text{-}12)$$

式中，V_{p5} 为水源地温功能价值；P_{p5} 为电价；Q_{p5} 为开采地热量；θ 为转换能效比。

2008 年北京水生态系统提供的地热量 Q_{p5} 为 5.5571 亿 kW·h，北京市 2008 年居民生活用电电价为 0.4883 元/（kW·h），转换能效比 θ 取 1。

二、调节功能价值计算

（一）地表水资源调蓄功能价值计算

地表水资源调蓄功能价值的计算使用影子价格法。地表水的调蓄价值计算公式如下：

$$V_{r1} = P_{r1} \cdot Q_{r1} \qquad (4\text{-}13)$$

式中，V_{r1} 为地表水资源调蓄价值；P_{r1} 为单位调蓄价格；Q_{r1} 为地表水资源总量。

地表水资源单位调蓄价格采用北京市综合水价来替代，根据北京市发展和改革委员会公布的数据，北京市综合水价为 5.04 元/m³。

（二）地下水资源调蓄和补给价值计算

地下水资源调蓄功能价值的计算使用影子价格法，补给机会成本计算使用替代工程法。

（1）地下水资源调蓄价值计算公式如下：

$$V_{r2-1} = P_{r2-1} \cdot Q_{r2-1} \tag{4-14}$$

式中，V_{r2-1} 为地下水资源调蓄价值；P_{r2-1} 为单位调蓄价格；Q_{r2-1} 为地下水资源总量。地下水资源单位调蓄价格采用北京市综合水价来替代，即 5.04 元/m³。

（2）地下水资源补给机会成本计算公式如下：

$$V_{r2-2} = P_{r2-2} \cdot Q_{r2-2} \cdot \theta \tag{4-15}$$

式中，V_{r2-2} 为地下水资源补给机会成本；P_{r2-2} 为单位补给机会成本；Q_{r2-2} 为地下水资源总量；θ 为转换能效比。单位补给机会成本可按照公式 $G = mg\Delta h$ 来计算。计算得出从地下 0.34m 处抽取 1m³ 水所需电量的折合费用为 0.001 元。用积分的概念来考虑其抽取的高程差 Δh，即为单位补给机会成本。

由此得出地下水资源补给和调蓄总价值为 $V_{r2} = V_{r2-1} + V_{r2-2}$。

（三）水质净化功能价值的计算

水质净化功能总价值计算使用替代工程法，计算公式如下：

$$V_{r3} = P_{r3} \cdot Q_{r3} \tag{4-16}$$

式中，V_{r3} 为水质净化总费用；P_{r3} 为 COD 单位处理成本；Q_{r3} 为 COD 水体纳污能力。

选取北京市具有代表性的大型污水处理厂单位 COD 处理投资和单位 COD 处理所需电费之和作为 COD 单位处理成本。此处选择高碑店污水处理厂和清河污水处理厂两个典型的污水处理厂建设投资数据计算得出 COD 单位处理投资为 1112.6 元/t，电费为 2400 元/t（处理 1kg COD 需耗电 5kW·h），总费用为 3512.6 元/t（表4-4）。根据"十一五"规划确定，北京市水体可消纳 COD 7.8 万 t。

表 4-4　COD 处理费用表

名称	COD 去除量/(g/t)	单位投资/(元/t)	电费/(元/t)	总费用/(元/t)
高碑店污水处理厂	115	1305.5	2400	3705.5
清河污水处理厂	178	919.7	2400	3319.7
单位成本		1112.6	2400	3512.6

（四）气候调节功能价值的计算

采用替代工程法对北京市水生态系统水面蒸发调节气候价值进行计算，北京市水面蒸发调节气候价值即在水生态系统遭受破坏后人工建立一个工程来代替水生态系统调节气温、增加大气湿度的价值。

气候调节价值计算公式为

$$V_{r4} = \frac{Q_{r4-h}P_{r4}}{\alpha} + \beta Q_{r4-w}P_{r4} \tag{4-17}$$

式中，V_{r4} 为北京市水生态系统调节气候价值；α 为空调能效比；β 为 $1m^3$ 水蒸发耗电量；P_{r4} 为电价；Q_{r4-h} 为水面蒸发所吸收的热量；Q_{r4-w} 为水面蒸发的水量。

水面蒸发降低气温的价值按照减少的空调制冷消耗进行计算，空调的能效比取 3.0（徐丽红，2008），水面蒸发增加大气湿度的价值采用减少的加湿器使用消耗进行计算，以市场上较常见的家用加湿器功率 32W 来计算，将 $1m^3$ 水转化为蒸气耗电量约为 125kW·h（刘晓丽等，2006），北京市电价为 0.4883 元/(kW·h)。

（五）洪水调蓄功能价值的计算

洪水调蓄功能价值计算使用替代工程法。

洪水调蓄功能价值计算公式如下：

$$V_{r5} = P_{r5} \cdot Q_{r5} \tag{4-18}$$

式中，V_{r5} 为洪水调蓄价值；P_{r5} 为单位水库库容造价；Q_{r5} 为洪水调蓄能力。

计算中将水库建设单位库容投资作为洪水调蓄单价。国家林业局 2008 年 4 月 28 日发布的《中华人民共和国林业行业标准——森林生态系统服务功能评估规范》中规定水库建设单位库容投资为 6.11 元/m^3。本次计算采用该数据作为计算依据。

（六）净化空气功能的计算

净化空气功能价值的计算使用替代工程法。包括增加负离子和水面降尘。

$$V_{r6} = V_{r6-1} + V_{r6-2} \qquad (4-19)$$

式中，V_{r6} 为北京市水生态系统净化空气功能的服务价值；V_{r6-1} 为北京市水生态系统增加负离子的服务价值；V_{r6-2} 为北京市水生态系统水面降尘的服务价值。

增加负离子功能量采用动态水产生负离子量。北京水生态系统增加负离子所提供的服务功能的价值计算公式如下：

$$V_{r6-1} = P_{r6-1} \cdot Q_{r6-1} \qquad (4-20)$$

式中，V_{r6-1} 为北京市水生态系统增加负离子的服务价值；P_{r6-1} 为负离子生成的单位价格；Q_{r6-1} 为北京市水生态系统增加负离子数量。

根据市场上负离子发生器产生负离子所需的费用，得出负离子生成的单位价格 P_{r6-1} 为每 10^{10} 个 2.08 元。

北京水生态系统降低粉尘所提供的服务功能的价值计算公式如下：

$$V_{r6-2} = P_{r6-2} \cdot Q_{r6-2} \qquad (4-21)$$

式中，V_{r6-2} 为北京市水生态系统降低粉尘的服务价值；P_{r6-2} 为降低粉尘的单位价格；Q_{r6-2} 为北京市水生态系统降低粉尘数量。

参照工业粉尘处理成本，降低粉尘的单位价格 P_{r6-2} 为 0.15 元/kg。

三、支持功能价值计算

采用国内外现在比较流行的造林成本法、影子价格法等计算方法对北京市水生态系统所提供的各项支持功能价值进行计算，计算内容主要包括固碳、释氧、营养物质循环、生物多样性保护、生活质量改善和预防地面沉降。

（一）固碳

用碳税法或造林成本法来评价北京水生态系统固碳价值。固碳价值计算公式为

$$V_{s1} = Q_{s1} \cdot P_{s1} \qquad (4-22)$$

式中，V_{s1} 为北京市水生态系统固碳总价值；P_{s1} 为 CO_2 造林成本价或碳税；Q_{s1} 为北京市水生态系统植物年固定的 CO_2 的量。

本次研究采用造林成本法对其价值进行评价。固定 CO_2 的造林成本价为 1320 元/t 碳（李文华等，2008）。

（二）释氧

采用造林成本法或工业制氧影子价格法来对水生态系统释放 O_2 的价值进行估算，北京水生态系统释放 O_2 的价值采用工业制氧影子价格法进行计算。释氧价值计算公式为

$$V_{s2} = Q_{s2} \cdot P_{s2} \tag{4-23}$$

式中，V_{s2} 为北京市水生态系统释氧总价值；P_{s2} 为工业制氧影子价格；Q_{s2} 为北京市水生态系统植物年释放 O_2 的量。

根据北京水生态系统植物每年释放 O_2 的量与工业制氧成本来推算该项服务功能价值。工业制氧成本为 400 元/t（任志远等，2003）。

（三）营养物质循环

评价北京水生态系统营养物质循环价值采用的是影子价格法，即将北京水生态系统各种营养物质循环总量，乘以各种营养元素的影子价格（各元素的市场价值）。本研究中营养物质循环价值的计算公式为

$$V_{s3} = P_{N3} \cdot Q_{N3}/\alpha + P_{P3} \cdot Q_{P3}/\beta + P_{K3} \cdot Q_{K3}/\gamma \tag{4-24}$$

式中，V_{s3} 为营养物质循环总价值；P_{N3} 为 2007 年尿素价格；P_{P3} 为 2007 年过磷酸钙价格；P_{K3} 为 2007 年氯化钾价格；Q_{N3}、Q_{P3}、Q_{K3} 分别为参与循环的 N、P、K 元素总量；α，β，γ 分别为尿素、过磷酸钙和氯化钾中 N、P 和 K 含量的百分数。

2007 年尿素价格为 1830 元/t，含 N 46%；2007 年过磷酸钙价格为 530 元/t，含 P 12%；2007 年氯化钾价格为 2020 元/t，含氧化钾 50% ~ 60%，本研究取 55%（《中国物价年鉴》编辑部，2008）。

（四）生物多样性保护

采用支付意愿法对生物多样性保护价值进行计算，即将水生态系统所保护的

每一级物种的种数与全民对每一级物种的单个物种支付意愿相乘。生物多样性保护价值计算公式为

$$V_{s4} = \sum_{i=1}^{4} (A_{s4i} \cdot P_{s4i})$$ (4-25)

式中，V_{s4} 为生物多样性保护总价值；P_{s4i} 为第 i 级保护动物的支付意愿价格；A_{s4i} 为第 i 级保护动物的物种数。

参照《中国生物多样性国情研究报告》（中国生物多样性国情研究报告组，1998）中的研究成果，本次研究中各级物种价格如表 4-5 所示。

表 4-5   鸟类物种价格   （单位：亿元）

鸟类级别	价格
国家一级	5
国家二级	0.5
北京一级	0.5
国家保护的有益的或有重要经济和科学研究价值	0.1

（五）生活质量改善

采用北京居民改善生活质量所用的水量与改善生活质量的影子价格的乘积来推算得出水生态系统改善生活质量的价值。生活质量改善价值计算公式为

$$V_{s5} = Q_{s5} \cdot P_{s5}$$ (4-26)

式中，V_{s5} 为北京市水生态系统生活质量改善价值；P_{s5} 为居民生活用水水价；Q_{s5} 为北京市居民改善生活质量年用水量。

本研究以北京居民生活用水价格作为水生态系统改善生活质量的影子价格，居民生活用水水价为 3.7 元/m³（包含污水处理费用）（京发改〔2004〕1517号）。

（六）预防地面沉降

如果现有储量的地下水被开采后，因地面沉降会造成多方面的经济损失，这些损失之和，即可视为地下水预防地面沉降的间接经济价值。本研究采用影子价格法对地下水预防地面沉降价值进行计算，即先计算地下水储变量，然后再计算地下水亏损造成的直接和间接经济损失的总和，由此换算得出单位体积地下水亏

损所造成的经济损失，再与地下水储量相乘。

预防地面沉降价值计算公式为

$$V_{s6} = E_{s6}/W_{s6-a} \cdot W_{s6-b} \qquad (4-27)$$

式中，V_{s6} 为地下水预防地面沉降价值；E_{s6} 为地面沉降已造成的经济损失；W_{s6-a} 为地下水储变量；W_{s6-b} 为地下水储量。

本研究中，地面沉降已造成的经济损失为 84.544 亿元，地下水多年储变量为 77.66 亿 t。

四、文化服务功能价值计算

自然水体的文化服务价值包括旅游休闲娱乐价值、水景观功能价值和水文化传承价值，可分别通过分摊法、旅行费用法、市场价值法、支付意愿法等方法计算。

（一）旅游休闲娱乐价值

根据支出费用计算方式的不同，将休闲娱乐分为旅游、休闲和温泉保健活动。本研究按照市场价值法和分摊法计算旅游功能价值，按照旅行费用法计算休闲功能价值，按照分摊法计算温泉保健功能价值（表4-6）。另外，虽然旅游和休闲方法计算的都是休闲娱乐功能，但旅游已经形成了旅游产业，旅游资源以全封闭或半封闭管理的为主，而休闲方法计算的是游客自助游，以全开放的水景观资源为主，游客的休闲支出仅为车费、饮食、购物等，不计入全市的旅游收入，因此，不管是水景观方面还是价值方面，用旅游方法和休闲方法分别计算的休闲娱乐价值不存在重复计算。

表4-6　休闲娱乐价值计算方法

序号	项目	功能	支付方式	主要计算方法
1	旅游	休闲娱乐功能	门票、路费	市场价值法、分摊法
2	休闲	休闲娱乐功能	路费、误工费	旅行费用法
3	温泉保健	保健功能	门票	分摊法

计算公式如下：

$$V_{c1} = V_{c1-1} + V_{c1-2} + V_{c1-3} \tag{4-28}$$

式中，V_{c1}为北京市水生态系统休闲娱乐服务的价值；V_{c1-1}为北京市水生态系统旅游服务的价值；V_{c1-2}为北京市水生态系统休闲服务的价值；V_{c1-3}为北京市水生态系统温泉保健服务的价值。

1. 旅游价值计算方法

旅游资源以全封闭或半封闭管理的为主，以购买门票为主要支付手段，旅游收入也是游客用于购买娱乐休闲服务的费用，采取市场法手段，用旅游收入来体现旅游服务价值，然后用分摊法计算水及水生态系统贡献的旅游功能价值。分摊法最早是财物成本计算中使用的一种方法，是将一次非重复发生的暂时性差异作跨期分摊的一种方法。将分摊法用于水文化服务功能中旅游价值的计算，是要将旅游收入中水景观对旅游的贡献从旅游景观中分离出来，真实反映水景观的旅游价值。计算方法如下：

$$V_{c1-1} = r\left(\sum V_{ci} - V_{c1-3} \right) \tag{4-29}$$

式中，V_{c1-1}为水生态系统旅游收入；r为旅游收入中水景观所占比例；V_{ci}为全市各项旅游收入；V_{c1-3}为全市温泉旅游收入。

旅游活动包括食、住、行、游、购、娱六要素，经济活动涉及国民经济众多行业和部门。国家统计局统计显示，2008年北京接待入境旅游者379万人次，旅游外汇收入44.59亿美元；接待国内旅游者1.4亿人次，国内旅游收入1907亿元，国内外旅游总收入高达2219.2亿元，占全市GDP总量的21.6%。

在旅游收入中，水景观的贡献不小。通过对国家旅游局发布的《2000年入境旅游者抽样调查综合分析报告》中调查数据进行归一化处理，得出山水生态系统在旅游总收入中的比例为24.6%，山水各取一半，则水生态系统在旅游总收入中的比例为12.3%。

因温泉疗养价值很大，后面将单独评价研究，在旅游价值总量中减去温泉疗养的重复计算的价值量。

2. 休闲价值计算方法

旅行费用法是用于评估生态系统休闲娱乐价值大小的一种方法，通过人们旅行时的消费行为来对非市场环境产品或服务进行价值评估，并把消费环境服务的直接费用与消费者剩余之和当成该环境产品的价格，这二者实际上反映了消费者对旅游景点的支付意愿。一般说来，直接费用主要包括交通费、与旅游有关的直接花费及时间费用等。消费者剩余则体现为消费者的意愿支付与实际支付之差。

由于居民个体休闲所花费的成本不计入旅游收入，所以无法用旅游收入分摊法计算。因此，要计算居民去开放的水景区娱乐休闲所产生的价值，可以用旅行费用法计算。鉴于数据的可获得性，采取区域旅行费用法来计算北京市开放水景观的休闲娱乐价值。

计算方法如下：

$$V_{c1-2} = \sum r_i C_i = r_i(C_r + C_t) + r_f C_f \tag{4-30}$$

式中，V_{c1-2} 为开放水景观的休闲娱乐价值；r_i 为水景观在休闲娱乐支出中的比重；C_i 为休闲娱乐成本；C_r 为交通成本；C_t 为时间成本；r_f 为免费公园中水景观占娱乐休闲价值的比例；C_f 为免费公园总休闲娱乐价值。

据《关于京郊休闲旅游发展情况的调研报告》显示，近 1/3 的北京市民愿意在双休日到郊区旅游，其中 25% 的市民有在外住宿的意愿；2/3 的城市家庭每年都进行郊游，其中的 30% 每年郊游 3 次以上；在北京市区的调查中，32.6% 的被访者每周或经常到郊区旅游。

另外，本次研究还考虑了城市免费公园带来的价值，根据 2008 年园林文化浏览与休闲产业情况的资料统计，2008 年免费公园及风景名胜区 100 个，免费休闲旅游人数达 6467.13 万人次。免费公园同样具有娱乐休闲价值，本研究结合收费公园的实际票价情况以及免费公园的景观特征，按照收费公园最低票价 1 元对免费公园实际带给人们的价值进行保守估计，则 r_f 为 12.3%，C_f 为 646.7 亿万元。

3. 温泉疗养价值计算方法

北京市温泉疗养已经形成了温泉产业，九华山庄、龙脉温泉、凤山温泉、天龙源、温都水城、南宫温泉等酒店已经成为全市知名温泉品牌。由于具备良好的市场条件，可以用市场价格来计算温泉保健疗养功能价值。

$$V_{c1-3} = r \sum V_i \tag{4-31}$$

式中，V_{c1-3} 为温泉休闲疗养价值；r 为温泉酒店收入中温泉所占比重；V_i 为温泉酒店收入。

根据北京地热温泉网统计，北京对地热资源的开发利用逐年增长，目前地热并已增至 100 多眼，开发单位上百家，设备取水能力已超过 6000m³/h，年开采地热水总量已达 0.1 亿 m³，主要用于采暖、洗浴、医疗保健、休闲娱乐、温室种植、水产养殖、房地产开发等方面并已形成了一定规模。

根据中国商务在线旅行网相关报道，2007 年昌平区全年共接待国内外游客 1234 万人次，同比增长 7.4%；实现营业收入 28.6 亿元，同比增长 18.9%。按照 2008 年北京市 9% 的 GDP 增长率，估算 2008 年昌平区实现营业收入 31.2 亿元。

北京市昌平区地热（温泉）资源开发以小汤山为中心，向南、东、西北方向辐射发展，已钻成地热井近百眼，年总开采量达 400 万~500 万 m³，约占全市开采总量的 50%。以此类比，预计全市开发地热（温泉）可实现营业收入约 62 亿元。

北京市较为著名的经营温泉的酒店，主要经营收入来源为温泉、客房（住宿）、会议和餐饮，根据其套票（包括温泉、住宿、会议和早餐）价格和温泉票价格，估算温泉占套票价格比例，得出温泉收入在酒店收入中的比例约为 39%（表4-7）。

表4-7　北京市温泉酒店套票价格表

序号	酒店	温泉票价格/元	套票价格/元	温泉占比例/%
1	九华山庄	75~115	268	0.28~0.43
2	温都水城	135	298	0.45
3	龙脉温泉	85	398	0.21
4	凤山温泉	168	398	0.42
5	天龙源温泉	168	328	0.51
平均				0.39

资料来源：各温泉酒店网站及相关票务网站票务信息。

（二）水景观功能价值

城市水景观价值的计算可以用三种计量方法，一种是市场价值法，一种是旅行费用法，一种是支付意愿调查法。其中，市场价值法直接准确，受个人因素的影响较小，是比较可靠的研究方法。旅行费用法和支付意愿法适合于用市场价格难以计量的领域，是市场价值法的有效补充。

水景观对房地产价值增值作用非常明显，用房地产增值来计算水的景观价值，是国际学术界计算水生态系统景观价值的一个常用方法。

　　选取北京市昆玉河段房地产进行调研，以此来估算全市房地产增值价值。昆玉河位于海淀区西部，从昆明湖流出，注入玉渊潭。虽然昆玉河周边房地产价格较高，但由于昆玉河两边修有道路，亲水活动受到影响，周边房地产价值增值受到一定程度的抑制，价值低于六海、玉渊潭、紫竹院、转河、北护城河等水域景观，但高于通惠河等下游排水河道，居于全市水景观价值增值的中游，因此可用昆玉河作为标准。

　　以2008年末昆玉河河畔房地产销售价格等数据为依据，计算每公里河段房地产价值升值的幅度，以此为单位，估算北京市六环以内水景观房地产价值增值幅度（表4-8）。

表4-8　2008年昆玉河畔房地产楼盘价值增值表

楼盘		占地面积 /m²	建筑面积 /m²	距河远近/m		2008年末均价/（元/m²）	均增价值 /（元/m²）	总增价值 /万元
				最近	最远			
万城	别墅	187 700	197 000	80	400	40 000	2 200	43 340
	公寓					28 000		
碧水云天颐园		80 000	275 000	150	300	24 000	1 600	44 000
世纪城晴波园		400 000	836 700	100	450	22 000	1 500	125 505
观澜国际花园		81 000	170 000	150	420	19 000	1 300	22 100
玫瑰御园		27 000	65 000	0	300	23 000	1 580	10 270
总计		775 700	1 543 700					245 215

资料来源：有关楼盘的占地面积、建筑面积和价格的原始数据来源于2009年实地调查数据。

　　数据主要是通过两个途径得来的：其一是使用各房地产公司公开发布的数据，以及《中国青年报》等报纸刊物公布的房地产行业相关调查数据；其二主要采用现场勘察、访谈两种调查方式，通过和房地产销售人员及其他房地产工作人员、购买者直接的交流，掌握最直接的资料。对因临近昆玉河而导致房价差异的相关数据进行分析，结合楼盘的商品房面积、占地面积、绿化和道路等的占地面积，综合得出楼盘因昆玉河水景观而总价格升高的数值，结合昆玉河沿岸有效总面积，得出昆玉河沿岸土地价值升值的数额，即可得出昆玉河的景观价值，并计算出单位河长景观价值，以此为据计算全市河流景观价值。

　　计算公式为

$$V_{c2} = \frac{1}{n} \sum I_i L_i \qquad\qquad (4\text{-}32)$$

式中，V_{c2} 为全市水景观房地产价值增值；n 为景观价值分摊年限数；I_i 为每公里河长水景观房地产价值增值；L_i 为河流长度；i 为位置分类，$i=1$ 代表六环内，$i=2$ 代表六环外。

如表 4-9 所示，经计算得 $I_1 = 23.7$ 亿元/km；对比六环外远郊区县与六环内城区房价，比率约为 2.143，以此推算：$I_2 = 11.06$ 亿元/km。

表 4-9　全市河畔房地产价值增值表

项目	河流长度 L/km	每公里价值 I/（亿元/km）	总价值/亿元
六环以内	520	23.7	12 324
六环以外	621.5	11.06	6 873.8
总价值合计			19 197.8

按照产权年限，对房地产价值增值进行分摊，计算每年的水景观功能价值。

（三）水文化传承价值

水文化价值的调查采取多阶段分层整群随机抽样的方法，在水文化价值的计算中，采用条件价值评估方法（CVM），对数据进行统计分析。

条件价值评估方法是一种陈述偏好、对公共物品进行价值评估的方法。汉尼曼指出，CVM 是一种通过人群调查为技术手段的非市场价值评估方法。自 20 世纪 70 年代中期，CVM 开始应用于国外各种公共物品及相关政策的效益评估，涉及空气质量、水质、卫生经济、交通安全及文化经济等诸多领域的价值评估。经过 40 余年的发展，CVM 得到美国水资源部、内务部和欧盟国家的认可，先后将其作为资源评估、环境经济评价和环境政策制定的基本方法之一列入法规，它已成为评价自然环境资源经济价值的最常用和最有用的工具之一。

条件价值评估法主要是以调查问卷为工具，通过构建假想市场，揭示人们对于环境改善的最大支付意愿（willingness to pay，WTP）或对于环境恶化希望获得的最小补偿意愿（willingness to accept，WTA）。调查问卷的格式主要有开放式（open ended，OE）、支付卡式（payment card，PC）、二分式（dichotomous choice，DC）问卷。目前，支付卡和二分式是最常见的两种问卷格式。

北京水文化的调查采用支付卡式和二分式两种问卷调查格式同时进行。调查问卷分为 4 个部分：第一部分介绍 7 个水文化代表的基本情况；第二部分调查公众对 7 个水文化代表的认知度、满意度和接触度；第三部分调查公众对 7 个水文化代表的支付意愿和补偿意愿；第四部分为参与调查者的基本人口统计特征。

平均支付意愿的计算方法如下。支付卡式问卷中平均支付意愿的计算方法是：先求出样本的平均支付意愿，然后求出平均支付意愿率，最后得出北京居民的平均支付意愿。二分式问卷平均支付意愿的计算方法是首先采用主成分分析法得到影响支付意愿的主因子，以主因子为分析变量，针对样本对某一投标值"是"或"否"的回答概率进行概率单位回归分析（Probit 模型回归分析），比较 4 种转化模型结果，得到平均支付意愿。

北京水文化调查通过对北京市 18 个区县常住居民进行入户访问而获取数据，实际接触样本 1684 例，成功回收有效样本 1633 例。通过平均支付意愿的计算方法得到北京水文化服务功能的价值量。

支付卡式题目对应多个选项供被访者选择，最终将所有被访者选择的意愿支付金额进行相加，得到居民全部的意愿支付金额，将全部的意愿支付金额除以人口数，得到平均支付意愿。

平均支付意愿 P 的计算公式为

$$P = \frac{\sum_{i=1}^{18} \beta_i \sum_{j=1}^{n_i} x_j}{N}$$ (4-33)

式中，β_i 为 18 个区县人口权重；x_j 为第 j 个区县的人口支付意愿金额；N 为北京市总人口数。

二分式问卷是将核心题目的单选题变形，变为多个单选题，只需被访者回答"是"或"否"，而且问卷问答题的顺序是从最大金额开始提问，逐渐变小，目的是为了更客观地探测被访者的承受能力，将承受能力金额作为分析变量 M_i，将被访者特征因子作为解释变量（通过主成分分析从被访者的背景资料中归纳出贡献率在90%以上的因子 F），进行概率单位回归分析，建立一系列回归方程，对回归系数进行比较，回归系数最大的一个方程对应的因变量 m_n，即意愿支付金额，为最终被访者可接受的意愿支付金额，通过计算该金额的平均值（计算方法同支付卡式），计算出最终的平均支付意愿。

通过两种题目的形式，将回收的数据分别进行不同的支付意愿计算方法，比较两者得出平均支付意愿的数值，基本接近，考虑到计算程序的简洁化，最终采用支付卡式题目对应的平均支付意愿的计算方法进行计算。

第四节　北京水生态服务价值核算

根据北京水生态服务功能评价指标和评价方法，分别对各类北京水生态服务功能分项进行价值核算，然后加总。

一、提供产品功能价值

北京水生态系统提供产品价值合计 121.56 亿元，其中，居民生活用水价值为 27.56 亿元，产业用水价值为 78.21 亿元，渔业产品价值为 9.8 亿元，水电蓄能价值为 3.28 亿元，水源地温价值 2.71 亿元（表 4-10）。

表 4-10　提供产品功能价值汇总表　　　　　（单位：亿元）

评价项目	评价指标	计算指标	计算方法	合计	
				单项价值	小计
提供产品	居民生活用水	提供给城镇和农村生活用水的价值	居民生活用水价值＝居民生活用水水价×用水量	27.56	27.56
	产业用水	第一产业用水价值	第一产业用水价值＝第一产业用水水价×用水量	2.40	78.21
		第二产业用水价值	第二产业用水价值＝第二产业用水水价×用水量	23.82	
		第三产业用水价值	第三产业用水价值＝第三产业用水水价×用水量	51.99	
	渔业产品	渔业产值	2008 年渔业产值	9.80	9.80
	水电蓄能	水电和蓄能用水价值	水电蓄能用水价值＝电价×实际发电量	3.28	3.28
	水源地温	地热水热量所产生的价值	地热水热量价值＝电价×地热水热量	2.71	2.71
	合计				121.56

二、调节功能价值

北京水生态系统调节功能价值合计 817.70 亿元，其中，地表水资源调蓄价值为 64.51 亿元，地下水资源调蓄与补给价值为 107.88 亿元，水质净化功能价值为 2.74 亿元，气候调节价值为 507.14 亿元，洪水调蓄价值为 126.60 亿元，净化空气价值 8.84 亿元（表 4-11）。

表 4-11　调节功能价值汇总表　　　　　　（单位：亿元）

评价项目	评价指标	计算指标	计算方法	价值
调节功能	地表水资源调蓄	地表水调蓄价值	在北京市调蓄能力远大于降雨量的情况下，将地表水资源量视为地表水调蓄量 调蓄价值 = 单位调蓄价格 × 地表水资源总量	64.51
	地下水资源调蓄与补给	地下水实际补给、抽水成本	调蓄价值 = 单位调蓄价格 × 地下水资源总量 补给机会成本 = 单位补给机会成本 × 地下水资源总量	107.88
	水质净化	水污染物降解价值	水质净化总费用 = COD 单位处理成本 × COD 水体纳污能力（量）	2.74
	气候调节	水面蒸发降低温度、提高湿度价值	气候调节价值 = 水面蒸发吸收的热量 ÷ 空调的能效比 × 电价 提高湿度价值 = 水面蒸发的水量 × $1m^3$ 水蒸发耗电量 × 电价	507.14
	洪水调蓄	洪水调蓄价值	洪水调蓄价值 = 水库、河道和湿地蓄洪能力 × 单位库容水库建设成本	126.60
	净化空气	增加负离子、降低粉尘价值	增加负离子价值 = 增加负离子数量 × 生成负离子的单位价格 降低粉尘价值 = 降低粉尘数量 × 降低粉尘的单位价格	8.84
	合计			817.70

三、支持功能价值

北京水生态系统支持功能价值合计181.66亿元，其中，营养物质循环价值为0.92亿元，生物多样性保护价值为78.30亿元，固碳价值为1.21亿元，释氧价值为0.98亿元，生活质量改善价值18.60亿元，预防地面沉降价值为81.65亿元（表4-12）。

表4-12　支持功能价值汇总表　　　　（单位：亿元）

评价项目	评价指标	计算指标	计算方法	价值
支持功能	营养物质循环	营养物质循环价值	以初级生产力数据为基础，营养物质循环价值＝水生生物所保持和循环的营养元素含量×每一种元素的市场价格＋参与地下水循环的营养元素含量×每一种元素的市场价格	0.92
	生物多样性保护	生物多样性保护价值	生物多样性保护价值＝国家一级、二级保护物种及北京一级物种、国家保护的有重要经济和科研价值的鸟类种数×每一种鸟类的单价	78.30
	固碳	固碳价值	以水生生物的初级生产力为依据，固碳价值＝固碳量×造林成本价	1.21
	释氧	氧气释放价值	以水生生物的初级生产力为依据，释氧价值＝释放氧气量×工业制氧成本	0.98
	生活质量改善	生活舒适度价值	生活舒适度价值＝用于改善生活质量的居民生活用水量×居民生活用水价格	18.60
	预防地面沉降	预防地面沉降价值	预防地面沉降价值＝单位体积的地下水超采所造成的经济损失×地下水储量	81.65
	合计			181.66

四、文化服务功能价值

北京水生态系统文化服务功能价值合计1749.81元，其中，旅游及相关收入价值为269.97亿元，休闲、娱乐价值为71.43亿元，温泉保健价值24.31亿元，水景观功能价值为 911.90 亿元，水文化传承价值为 472.20 亿元（表 4-13）。北京水文化价值研究见附录 2。

表 4-13　文化服务功能价值汇总表　　　　　（单位：亿元）

评价项目	评价指标	计算指标	计算方法	价值
文化服务功能	旅游休闲娱乐	旅游及相关收入价值	北京市年旅游收入的 12.3%	269.97
		休闲、娱乐价值	休闲娱乐价值 = 北京市市民到郊区旅游的总的工作日 × 日收入 + 北京市市民到郊区旅游的总的旅游人次 × 每人每次旅行费用	71.43
		温泉保健价值	北京市温泉酒店收入	24.31
	水景观功能	房地产升值	对单位河长房地产增值进行调查，并以此为基础计算河流两岸土地和房地产增值	911.90
	水文化传承	大运河等水文化价值	多阶段分层整群随机抽样的市场调研，条件价值评估（CVM）	472.20
合计				1749.81

五、北京水生态服务价值总量

综合提供产品、生态调节、生态支持和文化服务的生态服务价值，北京水生态服务价值总计 2870.73 亿元（表 4-14）。其中，提供产品价值 121.56 亿元，占总价值的 4.24%；调节功能价值 817.70 亿元，占总价值的 28.48%；支持功能价值 181.66 亿元，占总价值的 6.33%；文化服务功能价值 1749.81 亿元，占总价值的 60.95%。在水生态服务价值构成中有如下几个特点。

第一，提供产品价值最低，主要原因是水资源市场价值不能完全反映水资源真实价值。文化服务价值最高，主要是由于文化服务价值与经济发展阶段、人民生活水平的提高有关，表明国民经济发展到一定程度，文化、景观、环境需求已变为内在需求，水文化传承、景观服务价值的提升是由人民生活水平的提高和对水文化服务的要求增强而实现的。调节功能和支持功能很大程度上取决于天然降水和水生态系统的大小（图 4-2）。

表 4-14　北京市水生态服务功能及价值汇总表

评价项目	评价指标	北京水生态服务功能		北京水生态服务价值/亿元			
		功能量指标	功能量（2008 年）	小计		合计	总计
提供产品功能	居民生活用水	城镇生活用水量/亿 m³	5.43	27.56		121.56	2 870.73
		农村生活用水量/亿 m³	2.02				
	产业用水	第一产业用水量/亿 m³	11.98	2.40	78.21		
		第二产业用水量/亿 m³	5.24	23.82			
		第三产业用水量/亿 m³	11.05	51.99			
	渔业产品	渔业产量/万 t	6.08	9.80			
	水电蓄能	水电蓄能量/(亿 kW·h)	4.18	3.28			
	水源地温	水源地热发热量/10^{11} J	20 005.66	2.71			
调节功能	地表水资源调蓄	地表水调蓄量/亿 m³	12.8	64.51		817.70	
	地下水调蓄与补给	地下水调蓄量/亿 m³	21.4	107.88			
		地下水补给的机会成本/亿 m³					
	水质净化	COD 降解量/万 t	7.8	2.74			
	气候调节	水面蒸发水量/亿 m³	3.11	507.14			
		水面蒸发吸收热量/10^{11} J	7.02×10^6				
	洪水调蓄	洪水调蓄量/亿 m³	20.72	126.60			
	净化空气	增加负离子量/个	4.23×10^{18}	8.84			
		降低粉尘量/万 t	2.45				
支持功能	固碳	固定 CO_2 量/万 t	33.62	1.21		181.66	
	释氧	O_2 释放量/万 t	24.47	0.98			
	营养物质循环	主要营养元素总量/万 t	2.23	0.92			
	生物多样性保护	国家一级保护生物物种量/种	6	78.30			
		国家二级保护生物物种量/种	38				
		北京一级保护生物物种量/种	22				
		国家保护的有益或有重要经济和科研价值的生物物种量/种	183				
	生活质量改善	用水改善生活的居民生活用水量/亿 m³	5.03	18.60			
	预防地面沉降	地下水储量/亿 m³	75	81.65			

评价项目	评价指标	北京水生态服务功能		北京水生态服务价值/亿元		
		功能量指标	功能量（2008年）	小计	合计	总计
文化服务功能	旅游休闲娱乐	与水相关的旅游景点（旅游人数）/亿人次	1.11	269.97	1 749.81	2 870.73
		水休闲娱乐地点和休闲人数/万人次	什刹海等/6 724	71.43		
		温泉旅游娱乐地点和休闲人数/万人次	温都水城等/2 500	24.31		
	水景观功能	水景观地产分布	六海、昆玉河等城市河湖	911.90		
	水文化传承	大运河等水文化代表	大运河等	472.20		

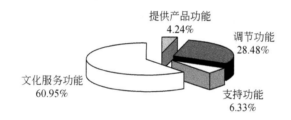

图 4-2 北京水生态服务价值（按功能分类）价值比例示意图

第二，北京水生态系统文化服务功能价值 1749.81 亿元，服务价值最高，这部分价值来源于北京水生态系统的美学、文化、教育功能的服务价值。在文化服务功能价值中，旅游休闲娱乐服务价值 365.71 亿元、水景观服务价值 911.90 亿元、水文化传承服务价值 472.20 亿元，所占比例分别为 20.9%，52.1%，27.0%。从研究结果分析，文化服务的价值将随着对文化的需求增加而不断提升（图 4-3）。

北京城因水而建，因水而兴，历史文化积淀深厚，水文化具有巨大的服务价值。数据统计分析结果显示，北京市居民对北京水文化建设的总体支付意愿率达到 90.6%，意愿支付的价值约为 472.2 亿元/年。永定河等七个代表性水系属于

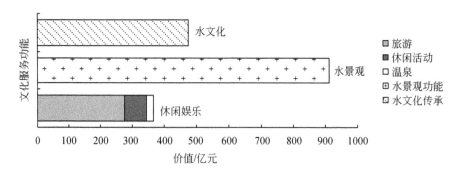

图 4-3 北京水生态系统文化服务功能价值构成示意图

一个相对完整的北京城市水文化体系，具有明显的历史文化价值和社会效益价值。北京居民对七个水系水文化建设的支付意愿价值超过 470 亿元/年，这一方面表明北京水文化建设的社会效益巨大，另一方面也说明北京水文化建设具有更大的升值潜力。

旅游休闲娱乐服务价值包括旅游服务价值 269.97 亿元、休闲活动服务价值 71.43 亿元、温泉服务价值 24.31 亿元。总体来看，在旅游休闲娱乐服务中，北京水生态系统提供的旅游服务功能价值最大。

国民经济发展到一定程度（国际上通常认为人均 GDP 达到 6000~8000 美元时）时，环境需求已变为内在需求，水景观服务功能价值的提升是由人民生活水平的提高和对水景观服务的要求增强而实现的。2008 年北京地区 GDP 总量达 10 488 亿元，按常住人口 1695 万人计算，北京市人均 GDP 为 63 029 元（按年平均汇率折合 9075 美元），北京水生态系统在水景观服务上的价值通过毗邻水域的地产价格提高等方面得到体现。

第三，北京水生态系统调节功能价值 817.70 亿元，高于服务价值。这部分价值来源于北京水生态系统通过其生态过程所形成的有利于北京市生产与生活的环境条件与效用，主要包括地表水调蓄、地下水调蓄与补给、水质净化、气候调节、洪水调蓄、净化空气等功能（图 4-4）。

在调节功能中，气候调节功能的服务价值最大，为 507.14 亿元，占调节功能服务价值的 62.02%。水生态系统对城市小气候形成有很大影响。

洪水调蓄服务价值 126.60 亿元，占调节功能服务价值的 15.48%。水生态系统的洪水调蓄功能可以实现减缓洪水流速，削减洪峰，均化洪水，减少由洪水造成的经济损失。但是仅依靠水生态系统的洪水调蓄功能是远远达不到城市发展的

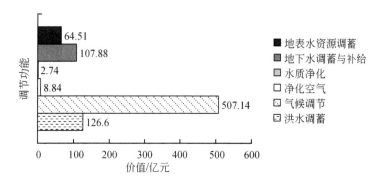

图 4-4 北京水生态系统调节功能价值构成示意图

需要的，必要的水利防汛设施建设可以保证城市化程度越来越高的北京人民的生命财产的安全，保障经济社会发展所取得的成果。

地下水调蓄和补给服务价值为 107.88 亿元，占调节功能服务价值的 13.19%。地表水资源调蓄服务价值 64.51 亿元，占调节功能服务价值的 7.89%。水资源调蓄受自然气候因素决定的降水量所限，全球范围内的气候变暖形势同样改变和影响了北京的气候和降水变化。

净化空气服务价值 8.84 亿元，占调节功能服务价值的 1.08%。由水生态系统引起的负离子增加量主要取决于动态水，降低粉尘主要取决于水面面积，北京水生态系统受动态水量、水面面积所限，所提供的净化空气的服务价值并不突出。

水质净化服务价值 2.74 亿元，占调节功能服务价值的 0.34%。由于城市经济社会的快速发展和人口膨胀，污水排放量逐年上升，远远超出了水生态系统的水体纳污能力，受现有地表水水量和水质所限，体现为水生态系统的水质净化服务价值在调节功能中最低。截至 2008 年年底，北京市建立污水处理厂 24 座、污水处理设施 53 个，日处理能力 370 万 m³。2008 年通过污水处理厂、污水处理设施处理的污水 COD 消减量为 35.8 万 t，为北京水生态系统的健康运转作出了巨大的贡献。

第四，北京水生态系统支持功能的服务价值 181.66 亿元，服务价值在总价值中位列第三。这部分价值来源于北京水生态系统所形成的支撑北京市发展的条件与效用，主要包括水生态系统的初级生产、固碳、释氧、为水生生物多样化提供生境，以及改善居民生活质量、预防地面沉降、形成地质景观等（图 4-5）。

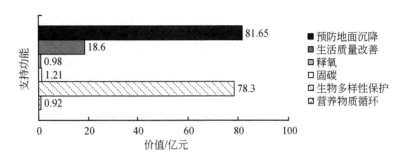

图 4-5 北京水生态系统支持功能价值构成示意图

在支持功能中，预防地面沉降功能的服务价值最大，为 81.65 亿元，占支持功能服务价值的 44.95%。地下水作为地层构造的部分，对防止地面沉降、保持地层稳定具有很重要的作用，因此，北京地下水对稳定地层、防止地面沉降具有重要作用，其支持功能的服务价值最大。

生物多样性保护功能的服务价值为 78.3 亿元，占支持功能服务价值的 43.10%。在生态系统中，所有物种都是与其他物种相互联系、相互依赖的，如果一个物种消失，整个食物网（不仅仅是食物链）就会破碎。北京水生态系统中生物多样性保护物种国家一级保护生物物种、国家二级保护生物物种、北京一级保护生物物种、国家保护的有益或有重要经济和科研价值的生物物种共计 249 种，具有很高的生态价值。

生活质量改善功能的服务价值为 18.60 亿元，占支持功能服务价值的 10.24%。北京水生态系统在生活质量提高方面有不可或缺的作用，生活质量功能体现了北京水生态系统提供的水资源在北京居民生活用水中对生活质量提高的服务价值。

固碳功能的服务价值为 1.21 亿元，占支持功能服务价值的 0.67%。释氧功能的服务价值为 0.98 亿元，占支持功能服务价值的 0.54%。营养物质循环功能的服务价值为 0.92 亿元，占支持功能服务价值的 0.51%。这 3 项功能是体现北京水生态系统吸收 CO_2、释放 O_2、参与循环的营养元素量等对水生态环境的支持作用。

第五，北京水生态系统提供产品价值为 121.56 亿元，服务价值最低。这部分价值来源于北京水生态系统提供的可以市场交换的产品，主要包括为北京市生产和生活提供的水资源、水电、水源地温，以及鱼、水生蔬菜和水生花卉等水产品（图4-6）。

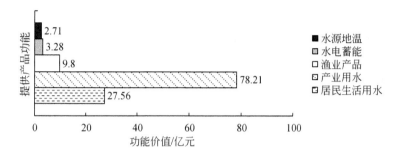

图4-6 北京水生态系统提供产品功能价值构成示意图

在提供产品功能的服务价值中，按照价值量由大到小排序，依次为产业用水、居民生活用水、渔业生产、水电蓄能、水源地温，其服务价值分别为78.21亿元、27.56亿元、9.80亿元、3.28亿元、2.71亿元，分别占提供产品功能价值的64.3%、22.7%、8.1%、2.7%、2.2%。北京水生态系统提供的产业用水、居民生活用水，是作为生产要素、生活必需品而为社会经济发展和人类生存生活提供服务的，因此具有很大的服务价值和现实意义。渔业产品、水电蓄能、水源地温作为北京水系统直接产出产品也为人民生活生产提供产品和服务。

第五章　北京水生态系统的农业
及产业贡献服务功能及价值

北京境内多年平均降水量 585mm，按照市域面积 16 410km² 计算，多年平均降水总量近 98 亿 m³。多年平均入境水量为 16.06 亿 m³，出境水量为 14.52 亿 m³。其中，形成的可利用水资源 37.4 亿 m³ 进入水资源储存及供应系统，通过配置，进入社会系统，主要为经济社会和文化产业的发展服务，同时也服务于生态系统；约 60 亿 m³ 的水通过蒸发蒸腾为生态系统所利用，起到了支持、调节生态系统的作用。

广义上的北京水生态服务价值是指水及水生态系统为北京市居民与经济社会发展提供的直接与间接效益，应包括以下 4 个方面：①水资源本身所提供的服务价值；②水生态系统（如河流、湖泊）所提供的服务价值；③水所支撑的生态环境（如森林、绿地、农田等生态系统）所提供的服务价值；④水所支撑的生态生产环境（产业贡献）所产生的价值分摊。

前四章讨论了第①、②方面的服务功能及价值，本章讨论第③、④方面的服务功能及价值。

第一节　北京水生态的农业服务及产业贡献服务功能

一、北京年生态需水量的计算及水生态的农业服务功能

在北京水资源形成过程中，没有形成水资源量的大部分水通过蒸发蒸腾为生态系统所利用，起到了支持、调节生态系统的作用。

首先计算北京年生态需水量。根据联合国粮食及农业组织（FAO）发布的数据和北京市历年来的研究成果，得到各种植被类型的生育期和全生育期内的作物系数 K_c 值。参考作物需水量 ET_0 采用 FAO 推荐的 Penman-Monteith 公式来计算。

$$\mathrm{ET}_0(\mathrm{PM}) = \frac{0.408\Delta(R_n - G) + \gamma\dfrac{900}{T_a + 273}U_2(e_s - e_a)}{\Delta + \gamma(1 + 0.34U_2)} \tag{5-1}$$

式中，第一部分为辐射项，即

$$\mathrm{ET}_{0\mathrm{rad}}(\mathrm{PM}) = \frac{0.408\Delta(R_n - G)}{\Delta + \gamma(1 + 0.34U_2)} \tag{5-2}$$

第二部分为空气动力学项，即

$$\mathrm{ET}_{0\mathrm{areo}}(\mathrm{PM}) = \frac{\gamma\dfrac{900}{T_a + 273}U_2(e_s - e_a)}{\Delta + \gamma(1 + 0.34U_2)} \tag{5-3}$$

式中，ET_0（PM）为参考作物潜在腾发量（mm/d）；Δ为饱和水汽压与温度曲线的斜率（kPa/℃）；R_n为参考作物冠层表面净辐射 $[\mathrm{MJ}/(\mathrm{m}^2 \cdot \mathrm{d})]$；$G$为土壤热通量 $[\mathrm{MJ}/(\mathrm{m}^2 \cdot \mathrm{d})]$；$\gamma$为干湿表常数（kPa/℃）；$T_a$为实际平均温度（℃）；$U_2$为2m高处的平均风速（m/s）；$e_s$为饱和水汽压（kPa）；$e_a$为实际水汽压（kPa）。

计算中按照北京市遥感数据统计得到北京市的植被类型及各植被类型的实际分布面积。

气象数据根据北京市海淀、朝阳、丰台、石景山、顺义、通州、平谷、密云、上甸子、延庆、马道梁、汤河口、怀柔、门头沟、斋堂、房山、昌平、大兴、南郊、霞云岭等20个气象站2008年的观测数据进行平均得到全市逐日平均值，由此计算得出北京市每日的参考作物需水量ET_0。

根据各种植被类型的生育期和作物系数计算得到各种植被类型相应的年需水量，其总和即为全市年生态需水量，为54亿m^3（表5-1）。这表明水对农林生态系统的支撑作用。

表5-1　北京市水生态服务价值计算表（以2008年为基准年）

植被类型	分布面积/m^2	生育期（月.日）	全生育期K_c	生育期内ET_0	实际需水量/亿m^3
稻田	34 884 795.6	4.20~9.30	1.05	689.03	0.252 385
旱地	1 995 843 086.7	5.20~9.30	0.65	564.36	7.321 431
水生作物地	5 143 275.6	4.10~10.30	1.1	810.54	0.045 857
经济作物地	4 086 313.4	4.10~9.30	1	729.06	0.029 792
菜地	131 746 279.8	全年	0.97	1 131.42	1.445 886

植被类型	分布面积/m²	生育期（月.日）	全生育期 K_c	生育期内 ET_0	实际需水量/亿 m³
阔叶林	1 256 197 412.8	4.1～10.30	0.4	842.89	4.235 345
针叶林	1 011 569 743.6	4.1～10.30	1	842.89	8.526 420
针阔混交林	444 481 766.6	4.1～10.30	0.7	842.89	2.622 545
密集灌木丛	4 268 481 695.7	4.1～10.30	0.5	842.89	17.989 303
疏林	52 488 617.8	4.1～10.30	0.4	842.89	0.176 969
幼林	176 745 005.4	4.1～10.30	0.4	842.89	0.595 906
苗圃	153 996 552.8	4.1～10.30	0.8	842.89	1.038 417
经济林	1 092 092 795.9	4.1～10.30	0.80	842.89	7.364 113
竹林	307 477.8	4.1～10.30	0.8	842.89	0.002 073
草地	248 087 127.6	4.1～10.30	1.1	842.89	2.300 212
高草地	1 385 262.3	4.1～10.30	1.2	842.89	0.014 011
花圃、花坛	7 035 905.9	5.1～10.30	0.7	722.31	0.035 575
合计	10 884 573 115.3				54.0

根据北京统计信息网，2007 年北京农业生态服务价值总 6156.72 亿元，比 2006 年增长了 5.9%。其中，农业经济价值为 272.3 亿元，农业生态经济服务价值 95.39 亿元，农业生态环境服务价值为 5789.03 亿元。

本研究前四章就北京水生态系统对农业生产的产品提供功能的直接价值及农业生态经济服务价值的贡献价值进行了核算，在本章中核算北京水生态服务支撑农业生态环境服务功能的价值。北京水生态服务功能对农业带来的生态环境服务价值的贡献可以采用分摊法进行评价。

二、北京水生态服务的产业服务功能

从经济学角度来看，水资源不仅作为一种基础性的生产要素对各产业起着重要的支撑作用，还同时参与形成了不可缺少的生态生产环境，水对全市的产业发展起到了巨大的推动作用。

国内生产总值（GDP）为一定时期内，一个国家或地区的经济中所生产出的全部最终产品和提供劳务的市场价值的总值。2008 年北京 GDP 为 10 488 亿元。

北京水生态服务功能对产业服务（贡献）的价值采用分摊法进行评价。

第二节　德尔菲法与调查的实施

一、德尔菲法

德尔菲法（Delphi method）是在 20 世纪 40 年代由 O.　赫尔姆和 N.　达尔克首创，经过 T.　J.　戈尔登和兰德公司进一步发展而成的。德尔菲这一名称起源于古希腊太阳神阿波罗的神话，传说中阿波罗具有预见未来的能力，因此，这种预测方法被命名为德尔菲法。1946 年，兰德公司首次用这种方法用来进行预测，后来该方法被迅速广泛采用。

德尔菲法，又名专家意见法，是依据系统的程序，采用匿名发表意见的方式，即团队成员之间不得互相讨论，不发生横向联系，只能与调查人员联系。通过多轮次调查专家对问卷所提问题的看法，经过反复征询、归纳、修改，使专家的意见逐步趋向一致，最后根据专家的综合意见，从而对评价对象作出评价的一种定量和定性相结合的预测、评价方法。这种方法具有广泛的代表性，较为可靠。其过程主要包括以下两个步骤：一是编制专家咨询表；二是分轮咨询。

德尔菲法具有如下特点。

（1）资源利用的充分性：吸收专家参与预测，充分利用专家的经验和学识。

（2）最终结论的可靠性：由于采用匿名或背靠背的方式，能使每一位专家独立自由地作出自己的判断，不会受到其他繁杂因素的影响。

（3）最终结论的统一性：预测过程经过几轮反馈，使专家的意见逐渐趋同。

正是由于德尔菲法具有以上这些特点，使它在诸多判断预测或决策手段中脱颖而出，成为一种最为有效的判断预测法。这种方法的优点主要是简便易行，具有一定科学性和实用性，可以避免会议讨论时因害怕权威而产生的随声附和，还可避免固执己见和因顾虑情面而不愿与他人意见冲突等弊病；同时也可以使大家发表的意见较快趋同，参加者也易接受结论，具有一定程度综合意见的客观性。

二、调查实施

（一）研究对象

本研究的两个研究对象如下。

（1）北京水生态服务功能对农业生态环境服务功能的价值分摊。

（2）北京水生态服务功能对产业服务价值的贡献分摊。

（二）研究目标

1. 科学评价水不仅作为基本要素参与各产业生产，同时参与形成生态生产环境的重要性

水作为基本的生活生产要素为居民提供了生活保障，为各产业的生产活动提供支撑，同时水在产业发展中还参与形成生态生产环境，极大地促进了国民经济的发展。通过德尔菲法专家问卷调查，可以从各领域专家的角度初步了解北京市水资源作为生产要素的重要程度。

2. 科学测算北京水对农林生态价值贡献的分摊比例和水对产业贡献的分摊比例

由于水对农林产业生态价值的贡献率和水对 GDP 的贡献率很难通过市场价值、替代价值等方法来判断确定，因此，依照评价目标的特性，可采用德尔菲法来测算这两个贡献率。通过多次汇总不同领域专家的意见，使其逐渐趋同，科学地测算出北京市水对农林产业生态价值贡献的分摊比例和水对产业贡献的分摊比例。

3. 科学测算分摊比例，为政府决策提供依据

该贡献率的科学测算能够提升全社会对水资源的重视程度。基于北京市水资源极其匮乏的现状，该数据能够反映出水在各个产业中发挥的重要作用和对生态系统、生态环境的重要作用。通过进一步深入认识水的真实价值，加强水资源的综合管理水平，可为政府的科学决策提供重要依据。

（三）研究内容

1. 水对农林产业生态价值贡献的分摊比例

农业生态服务价值测算包括森林、农田、草地三大生态系统。2007 年北京市农业生态服务价值为6156.72 亿元，其中，农业经济价值272.3 亿元，农业生态经济服务价值95.39 亿元，农业生态环境服务价值为5789.03 亿元。通过德尔菲法，最后可得出一个分摊比例，即北京水生态系统对于产生 5789.03 亿元农业

生态环境服务价值发挥的作用。

2. 水对产业贡献的分摊比例

2008 年北京市 GDP 为 10 488 亿元，其中，第一产业增加值 112.8 亿元，第二产业增加值 2693.2 亿元，第三产业增加值 7682 亿元。三大产业生产离不开水生态系统的支持，所产生的经济利益在一定程度上依托于水生态系统的重要作用。通过德尔菲法，最后可得出一个分摊比例，即北京市水生态系统对于创造 10 488 亿元 GDP 所发挥的作用。

（四）问卷设计及研究程序

问卷设定水对农林产业生态价值贡献的分摊比例为事件 1，设定水对产业贡献的分摊比例为事件 2，共开展两轮调查。依据德尔菲法，调查采用匿名发表意见的方式，即专家之间不得互相讨论，不发生横向联系。对于每一事件，专家根据学术经验和研究成果，对事件 1、事件 2 进行判断打分。第一轮问卷回收后，按照统计学的分析方法，对第一轮问卷调查结果进行分析。第二轮的调查问卷重新设计，连同第一轮问卷的汇总结果发给专家，请专家重新考量事件，作出第二轮评判。第二轮问卷收回后，按照统计学的分析方法，对第二轮问卷调查结果进行分析，得出最终结果。

三、调查结果及分析

2009 年 10～11 月项目组向专家发放了"北京水生态的农业及产业贡献服务价值调查问卷"。第一轮调查共发出问卷 33 份，收回问卷 31 份，有效问卷 31 份；第二轮调查共发出问卷 31 份，收回问卷 31 份，有效问卷 31 份。

根据《学科分类与代码》（GB/T 3745—92），按照二级学科分类，31 位专家的研究领域涉及水利管理、生态学、水利工程基础学科、环境工程、环境科学、农业工程、水文学、生态经济学和宏观经济学等 9 个方面。其中，水文学 6 人，水利管理 6 人，环境科学 5 人，农业工程 5 人，水利工程基础学科 3 人，生态经济学 2 人，生态学 2 人，宏观经济学 1 人，环境工程 1 人（图 5-1）。

（一）第一轮调查结果分析

各位专家依据学术经验和研究背景对事件 1（水对农林产业生态价值贡献的

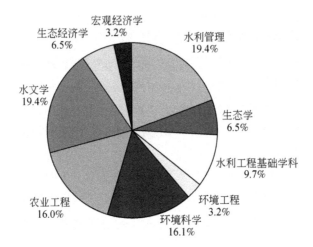

图 5-1　专家研究领域分布图

分摊比例）和事件 2（水对产业贡献的分摊比例）分别打分，如图 5-2 和图 5-3 所示。

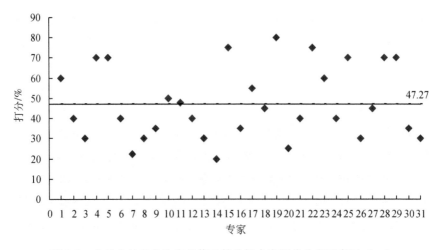

图 5-2　水对农林产业生态价值贡献分摊专家评分分布示意图（一）

按照统计学分析方法，分析得到第一轮问卷调查分析结果如下：水对农林产业生态价值贡献的加权平均贡献率为 47.27%，对产业贡献的加权平均贡献率为 21.1%（表 5-2）。

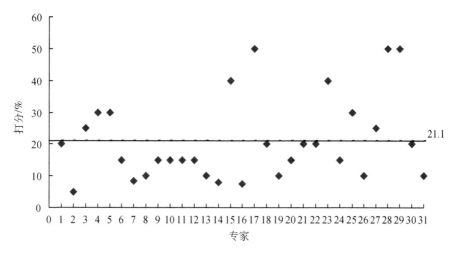

图 5-3　水对产业贡献的分摊比例专家评分分布示意图（一）

表 5-2　问卷分析结果（一）　　　　　　　　　　　　　　（单位:%）

序号	事件	贡献比例
1	水对农林产业生态价值贡献的分摊比例	47. 3
2	水对产业贡献的分摊比例	21. 1

（二）第二轮调查结果分析

在第二轮问卷调查中，各位专家依据学术经验和研究背景，结合第一轮问卷的分析结果，重新对事件 1 和事件 2 分别打分（图 5-4 和图 5-5）。

按照统计学分析方法，针对事件 1，第一轮专家评分的方差为 0. 0322，第二轮专家评分方差为 0. 0245；针对事件 2，第一轮专家评分的方差为 0. 0172，第二轮专家评分方差为 0. 0074。可以看出，第二轮专家打分的分布比第一轮更为集中，波动更小，虽然最后专家的意见并未完全趋同，但是有趋同的趋势，数据质量有所改善（表 5-3）。

第二轮问卷调查分析结果如下：水对农林产业生态价值贡献的加权平均贡献率为 48. 42%，对产业贡献的加权平均贡献率为 20. 06%（表 5-4）。

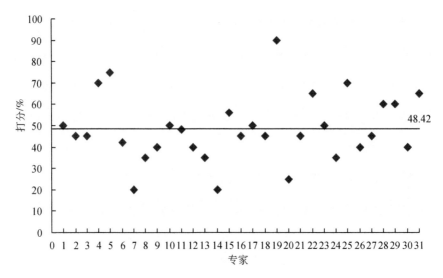

图 5-4　水对农林产业生态价值贡献分摊专家评分分布示意图（二）

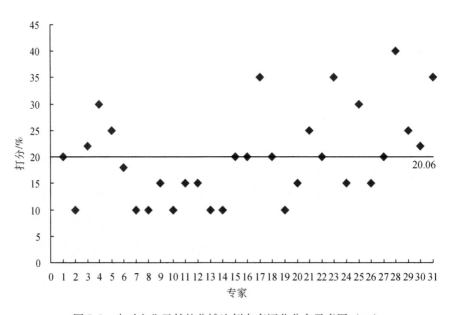

图 5-5　水对产业贡献的分摊比例专家评分分布示意图（二）

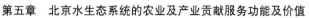

表5-3　专家评分方差表

项目	事件1专家评分方差	事件2专家评分方差
第一轮问卷调查	0.0322	0.0172
第二轮问卷调查	0.0245	0.0074

表5-4　问卷分析结果（二）　　　　（单位：%）

序号	事件	贡献比例
1	水对农林产业生态价值贡献的分摊比例	48.42
2	水对产业贡献的分摊比例	20.06

（三）北京水生态的农业服务及产业贡献服务价值

按照德尔菲法得到的贡献率，对北京水生态的农业服务及产业贡献价值进行核算，研究得到：水对农林产业生态服务价值为2803.05亿元；扣除居民生活用水、产业用水、渔业产品、旅游产值分摊等重复计算价值量，水对产业生态服务价值为1718.35亿元（表5-5）。

表5-5　北京水生态的农业生态服务及产业贡献服务价值

序号	评价指标	功能量	价值量/亿元
1	水对农林产业生态服务	2008年农业生态经济和生态环境服务价值5 789.03亿元	2 803.05
2	水对产业生态服务	2008年全市GDP为10 488亿元	1 718.35

第六章 北京水生态服务管理对策

第一节 水生态服务功能在北京经济社会发展中的作用

一、生态北京的基础和重要支柱

水是生态系统的重要组分，是所有生命系统必不可少的基础。水与水生态系统所提供的水生态服务功能，不仅支撑了人类生存与发展，还是其他生态系统及其服务功能的基础。

水生态系统通过提供产品水、水生物产品、水生观赏植物、水源地温、水电蓄能，以及净化空气、水质净化、娱乐休闲等服务功能，提高居民的生活质量和生活水平。水生态系统通过直接参与产业发展，并提供产业发展所必需的生产环境，促进经济发展；通过延续水文化积累等服务功能，使与水相关的文化得以传承；通过固碳释氧、气候调节、生物多样性保护等服务功能，保证生态安全；通过提供各种服务功能推动人类社会物质文明和精神文明的进步和发展从而形成体现人类社会进步的社会生态文明。

北京水生态服务各项功能共同作用，为北京经济社会发展提供了巨大支撑（图6-1），水与水生态系统是生态北京的重要支柱（图6-2）。

北京水生态系统通过提供产品功能、调节功能、支持功能、文化服务功能提高了居民生活水平和质量，保证居民享有充足的食物、舒适的环境、清洁的空气、洁净的水源和优美的景观等。

北京水生态系统通过提供产品功能、调节功能、支持功能、文化服务功能促进了经济发展，使产品和服务的总产出增加。

北京水生态系统通过调节功能、支持功能保障了生态安全，确保资源安全、生态系统安全，使人类免于资源匮乏、生态系统崩溃的灾难。

北京水生态系统通过文化服务功能，继承、积累和延续了城市的发展、文明

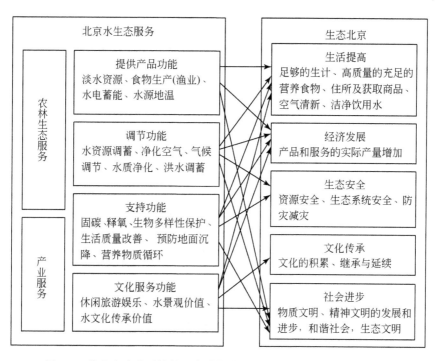

图6-1　北京水生态系统的服务功能在经济社会发展中的作用示意图

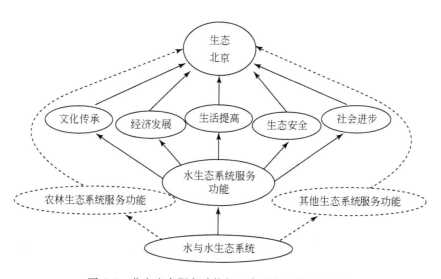

图6-2　北京生态服务功能与生态北京的关系示意图

的变迁等珍贵的人文、地理、历史文化和水文化。

北京水生态系统通过提供产品功能、调节功能、支持功能、文化服务功能促进了社会进步，保证了北京社会和谐发展，形成了体现人类社会进步的北京城市生态文明。

北京水生态系统还对农业生态环境服务和产业服务提供了必不可少的支撑，产生了巨大的生态效应和明显的乘数效应。

二、巨大的支撑和生态服务

北京的水与水生态系统自身具有不可替代的水生态服务能力，其服务能力来源于水生态系统为人类提供水生态服务功能的有用性的能力，通过水生态服务功能的实现来体现，并支撑北京经济社会的快速发展。

水生态服务能力表现在提供产品功能、调节功能、支持功能、文化服务功能及对农林生态系统、产业发展的服务能力上。水生态服务具有价值，水生态服务价值是对北京水及水生态系统服务功能的货币化表现。

研究结果表明，2008 年，北京水生态系统提供产品服务功能主要体现在以下方面：提供居民生活用水 7.45 亿 m^3、产业用水 28.27 亿 m^3、渔业产品产量 6.08 万 t、水电蓄能 4.18 亿 kW·h、水源地温热量 $2.000\,566 \times 10^{15}$ J，北京水生态系统提供产品服务功能的价值为 121.56 亿元。

2008 年，北京水生态系统提供调节服务功能主要体现在以下方面：地表水调蓄量 12.8 亿 m^3、地下水调蓄量 21.4 亿 m^3、COD 降解量 7.8 万 t、增加负离子量 4.23×10^{18} 个、降低粉尘量 2.45 万 t、水面蒸发水量（增加湿度）3.11 亿 m^3、水面蒸发吸收热量（降低温度）7.02×10^{17} J、洪水可调蓄量 20.72 亿 m^3，北京水生态系统提供的调节功能价值为 817.70 亿元。

2008 年，北京水生态系统提供支持服务功能主要体现在以下方面：为营养物质循环提供主要营养元素 2.23 万 t、国家一级保护生物物种量 6 种、国家二级保护生物物种量 38 种、北京一级保护生物物种量 22 种、国家保护的有益或有重要经济和科研价值的生物物种量 183 种、固定 CO_2 量 33.62 万 t、O_2 释放量 24.47 万 t、改善居民生活用水量约 5.03 亿 m^3、75 亿 m^3 地下水储量预防地面沉降，北京水生态系统提供的支持功能价值为 181.66 亿元。

2008 年，北京水生态系统提供文化服务功能主要体现在以下方面：北京旅游景点总收入为 2219.2 亿元，水生态系统的服务功能贡献至少占 12.3%；6724万人次享用北京水生态系统所提供的开放性水景观、免费公园等水休闲娱乐场所，2500 万人次享用北京水生态系统所提供的温泉旅游娱乐场所，如小汤山温泉带等；分布在六海、昆玉河等城市水景观周边的地产增值；以永定河、北运河、六海、护城河、昆明湖、玉泉山泉群、长河等 7 个代表性水系作为北京城市历史文化的重要组成部分承载延续水文化，北京水生态系统提供的文化功能价值为 1749.81 亿元。

此外，北京水生态系统还对农林生态系统服务提供不可缺少的支撑作用，2008 年全市年生态需水量 54 亿 m³，农业生态环境服务价值达 5789.03 亿元。研究核算北京水生态服务功能对农业带来的生态环境服务价值的贡献分摊为48.42%，服务价值为 2803.05 亿元。

北京水生态系统同样对产业发展的服务具有不可忽视的作用，研究得到，2008 年仅对国内生产总值就有 20.06% 的价值分摊，服务价值达 2103.89 亿元，扣除在直接产品提供功能和文化服务功能的部分重复计算价值量，如居民生活用水、产业用水、渔业产品、旅游产值分摊等价值，北京水生态系统对产业发展的服务价值为 1718.35 亿元。

生态系统是个多要素构成的、结构复杂、功能多样的层级系统，各要素之间、人类与生态系统之间以及不同尺度的生态系统之间存在着动态的复杂的物质、能量和信息交换。为了更好地评估水生态服务价值，对水生态服务价值按照评价范畴划分为广义和狭义范畴（图 6-3）。

狭义范畴的水生态服务价值指水体及水生态系统所提供的生态服务价值。本研究综合水生态服务的提供产品功能、调节功能、支持功能和文化服务功能，得到 2008 年狭义范畴的北京水生态服务价值为 2870.73 亿元。

广义范畴的水生态服务价值是指水及水生态系统为居民与经济社会发展提供的直接与间接经济社会效益，不仅包括水体及水生态系统所提供的生态服务价值，还包括水所支撑的生态环境（农林等）所提供的服务价值和水所支撑的产业生态环境（产业贡献）所产生的价值分摊。

研究得到，2008 年水（水体及水生态系统）生态服务价值为 2870.73 亿元，水对农林产业生态服务价值为 2803.05 亿元；水对产业生态服务价值为 1718.35亿元（已扣除重复计算部分），因此，广义上的北京水生态服务价值总量为

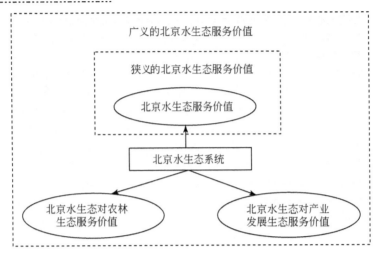

图 6-3　北京生态服务价值广义与狭义评价范畴

7392.13 亿元（表 6-1）。

表 6-1　北京水生态服务（广义）价值总量　　　（单位：亿元）

序号	评价指标	价值量
1	水（水体及水生态系统）生态服务	2870.73
2	水对农林生态服务	2803.05
3	水对产业生态服务	1718.35
合计		7392.13

　　仅从价值量看，2008 年，狭义的北京水生态服务价值为 2870.73 亿元，相当于当年北京 GDP 的 26.73%；广义的北京水生态服务价值为 7392.13 亿元，相当于当年北京 GDP 的 70.48%。

　　因此，无论从水生态服务功能角度分析，还从水生态服务价值角度分析，北京的水与水生态系统都为北京经济社会发展提供了巨大的支撑和生态服务价值。

第二节　北京水生态服务管理的问题

一、水生态服务功能的退化

　　水生态系统维持健康良性循环是其提供良好的服务功能的前提，这不仅影响水生态系统自身的服务价值，对农林等其他生态系统的服务价值以及产业发展的环境服务功能也具有举足轻重的影响。水生态系统的恶化将会严重影响其他生态系统，并危及整个生态系统、安全和社会安全。

水生态服务功能退化对水生态系统影响巨大。研究表明，地表水调蓄、地下水调蓄与补给功能主要依靠自然降雨过程，受北京多年连续干旱的影响，其功能较低。环境用水水量过少、水面面积过小和水体流动性不佳导致水质净化功能、气候调节功能、空气净化功能过低。城市水生动植物生存空间有限且生境状况较差使得固碳、释氧、营养物质循环、生物多样性保护等服务功能较低。由于连年超采地下水，使预防地面沉降功能连年下降。水少、水脏、水干等造成旅游休闲功能、水景观功能、水文化传承功能等服务功能减弱。

分析水生态服务功能退化的原因，全球气候变化影响下的降雨减少，人口增长、社会经济发展对水资源的需求不断增大，造成水资源短缺，是不可抗拒的主要因素。水资源匮乏将导致水生态系统的结构性变化，也会导致对农林产业的生态服务功能下降，虽然从目前的研究结果来看，水生态系统对农林生态服务功能没有减弱，但远期必然产生巨大的影响，最终将导致整个生态系统的结构性变化，生态服务功能整体退化，引发城市生态危机。同时，在水管理中忽视水的生态管理，也加剧了水的生态恶化程度，水生态服务功能的管理需要加强。

北京水资源短缺，水资源的配置更要统筹考虑各要素，确保供应安全、生态安全、储备安全。人类发展历史已经证明，忽视生态安全所引发的灾难导致了巨大的经济损失和社会倒退，人类所创造的物质文明毁于一旦。因此，城市的发展应该是可持续的发展，是兼顾生态安全的发展，今天的生态就是明天的生存。

二、没有充分认识到水生态服务功能及其价值

研究表明，北京水生态服务是北京经济社会发展的基础和重要支柱之一，北京的水与水生态系统为北京经济社会发展提供了巨大支撑和生态服务。由于水是地球上最常见的物质之一，这种看似丰富的表象却恰恰掩盖了可用水不足的现实，导致对这种看似常见的自然资源缺乏重视和保护。在实际水管理工作中，只关注水的产品价值，忽视水生态服务功能。

北京水资源管理实行有偿使用和价格调整经历了一个从无到有、从计划经济到市场经济的过程。对水的价格管理由最初的计划配置、无偿使用的福利品，到

象征性或补贴性收费，其定价也是依照水作为直接产品的价值。目前水价过低，不仅没有反映出真实产品价值，也没有充分考虑实际意义上的生态成本。在水价管理中，没有体现水生态服务价值。

不仅水的价格管理如此，在水的资源管理中也以考虑水量、水质为主，忽视水生态服务功能。近年来，大量的水生态修复工程和水资源保护工作已经实施，但大多是从水量、水质的管理角度出发，水的生态管理没有纳入到工作日程中。因此，不仅从管理理念上缺乏对水生态服务功能及其价值的认识，而且在日常工作中也缺乏对水生态服务功能及其价值的系统管理，从而导致了水生态资本底数不清，不同水体的水生态服务功能定位不明，水生态服务功能管理亟待加强。

三、缺乏水生态服务补偿机制

从公共信托理论来讲，环境作为一种公共财产，应该由代表公共意志的机构予以管理，这将有利于环境品质的提高。政府具有国家环境管理权。公民作为信托人，政府作为受托人，行使环境管理权。水作为重要的环境构成要素，应由政府代表公民意愿来行使环境管理权，以保证公平。目前，政府承担了水生态服务功能的修复和增强的工作。水生态服务功能修复和增强的受益者没有付费，水生态服务功能的损害者没有赔偿，由此出现了诸如治理后的水环境再次恶化，需要治理的水环境工程不能实施。同时，水生态保护者没有得到回报，生态保护受益者没有付出成本。在没有付出水生态系统使用成本的情况下，水生态服务的利用没有节制，从而超出生态系统承载力阈值，导致生态系统结构和功能退化，继而引发水生态危机。

第三节　北京水生态服务功能管理的对策

根据《北京城市总体规划（2004～2020）》，北京未来发展目标定位在国家首都、世界城市、文化名城和宜居城市。北京水生态服务管理是保证北京城市生态安全，改善生态环境，提高综合区域发展能力和可持续发展的重要举措。北京水生态服务管理是与城市发展的基本定位相匹配，顺应自然规律、生态规律，协调资源、环境、人口的相互关系，为北京成为国家首都、世界城市、文化名城和宜居城市提供保障，为可持续发展的生态北京夯实基础。

北京水生态服务管理的总体目标：以生态北京为核心，通过优化水生态服务功能和服务价值的管理，恢复和增强水生态服务功能，加强水生态系统的服务能力，提高水生态资本，在推动了北京城市物质文明的进步和发展的同时，也促进了北京城市精神文明的进步和发展，从而形成体现人类社会进步的社会生态文明，为北京的可持续发展提供强有力的水生态支撑。

基于北京水生态服务管理的总体目标，结合北京水生态服务管理中的问题，提出以下政策建议。

一、加强水生态系统恢复，提高水生态资本

水生态资本是由能够为人类提供效益的水生态资源形成的。水生态资本由水生态资本存量和水生态资本流量组成（图6-4）。水生态资本存量是指某一时刻所有能够为人类提供效益的水生态资源存量价值。水生态资本流量是指在一定时期内所有能够为人类提供效益的水生态资源的变化值，水生态资本流量为正时，即为增量；水生态资本流量为负时，即为减量。

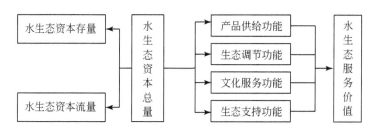

图6-4　水生态资本构成示意图

水生态资本为人类提供效益的外在表现为水生态服务功能，如产品供给功能、生态调节功能、文化服务功能、生态支持功能。可通过优化水生态资本管理来增强水生态服务功能；同样，水生态服务功能的优化管理，一定程度上可增加水生态资本。

水生态服务价值是水生态资本所提供的效用和服务功能的货币价值化形式。通过水生态服务价值的研究，认识和加强水生态服务功能的管理。

要获得更高的水生态服务效益，必须优化水生态资本的管理，保证水生态资本的可持续增值。通常水生态资本增量的最大化应作为水生态服务的最佳管理目标，一方面要明晰核算现有的所有能够为人类提供效益的水生态资本存量价值，

另一方面更要做好未来时期水生态资本流量价值的动态管理。应建立北京水生态资本管理平台,对北京水生态变动进行动态监测,为优化水资源管理提供决策依据。应做好水生态资本的实时监测,并对其进行优化。北京水生态资本管理平台不仅包括对水生态资本的价值管理,同时也包括对水生态资本的价值增值的战略和规划管理。

通过加强水生态系统的恢复、优化水生态系统构成,促进水生态功能良性演变,提高水生态资本,达到水生态资本增值最大化,实现水资源管理的优化和水资源的可持续利用。

北京水生态系统受北京水资源严重匮乏的自然条件所限,生态水量不足,同时,还需要支撑大量的人口用水和经济社会的快速发展,水生态系统自身受损。但随着北京经济的快速发展,加强水生态系统的恢复,一方面是发展的现实需要,另一方面也是保证可持续发展的需要。通过加强水生态系统的恢复,增加水生态资本,提高北京水生态系统对北京经济社会发展的支撑作用,保障北京水生态安全。

二、生态服务功能的优化管理

纵观新中国成立后的北京水生态功能的演变过程,从对北京水生态功能无度消耗的无序管理到能动的参与良性水循环的有序管理,可以看到有序管理更有利于维持健康的水生态系统,而健康的水生态系统是提供更好的生态服务的基础。因此应采取更有效的措施,进行水生态服务功能的优化管理。

从北京水生态服务功能管理研究角度出发,定性地看,储备水源置于地下具有可以预防地面下沉的水生态服务功能,置于地表具有降低温度、增加湿度、改善区域小气候、提供水生物生境、维持生物多样性、提供休闲娱乐场所等重要的水生态服务功能。储备水源是储于地下,还是储于地表,应该通过科学的论证和研究进行决策,在统筹各方面影响的前提下,使北京水生态服务功能得到优化。

目前,在北京水资源极端紧缺的情势下,可以采取以下措施提高水生态服务功能。

(1)适当营造水面,恢复湿地增加降低温度、提高空气湿度、改善区域小气候、提供休闲娱乐的场所等水生态服务功能;

(2)促进水体流动,增加水质净化、增加负离子量等水生态服务功能;

（3）控制水污染，打造良好的利于人类和其他生物生存的生境条件，增加水景观服务价值、提供水生物生境、保持生物多样性等水生态服务功能；

（4）加强节约用水以保护水生态系统，提高水生态服务功能；

（5）扩大再生水使用，减少对自然水生态系统的干扰，提高水生态系统自身服务能力；

（6）积极开拓外调水，增加北京水资源的可调配量，增强水生态系统的自我可调节能力，以提高水生态服务功能；

（7）加大雨水利用，广开水源，增强水生态系统服务能力。

以上 7 个方面措施从增加水生态服务广度和深度出发，总体上，以增强水生态服务功能为管理目标，优化水生态服务功能的管理，使其更好地服务于北京经济社会建设和城市生态文明构建。

三、建立并完善生态补偿机制

生态补偿是保证持续稳定提供水生态服务功能的重要手段之一。通过经济手段调控对水生态系统的保护与利用行为。应建立生态补偿机制，使水生态系统保护者与水生态服务功能提供者能得到经济补偿，以促进水生态系统的保护、修复和水生态服务功能的持续供给。

同时，也要通过经济手段制约对水生态系统的过度开发利用与破坏。根据水生态系统服务机制、水生态保护成本、发展机会成本，运用政府和市场手段，调节水生态保护利益相关者之间利益关系的机制（图 6-5）。

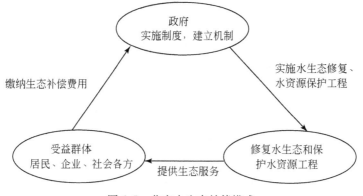

图 6-5　北京水生态补偿模式

从整个生态的角度看，无论是由产业发展带来的经济效益，还是由农林生态系统产生的经济效益，都应该考虑从其收益中对水生态系统的消耗和损毁进行适当的支付和必要的补偿，这也是维持社会经济和农林生态可持续发展所必不可少的环节。

同时，还应完善与水有关的生态补偿机制，由对生态与环境有负面影响的开发建设活动支付补偿、从生态与环境保护受益方提取专项经费用于补偿、对生态与环境建设者或保护者给予补偿等。

北京严重缺水的现实，对建立水资源的生态补偿机制具有很大的现实需求。北京市近年来实施了以修复受损的河流生态系统为目标的治理工程，如转河治理工程、清河治理工程、引温济潮工程等，工程的实施使河流生态系统得到了初步的修复，生态环境得到了很大改观。水资源具有公共资源的属性，实施生态修复是保护区域水资源和水生态系统的主要内容，以保护区域水资源和水生态系统为目标的生态补偿应本着"谁受益谁付费"的原则，受益区域内的企业、社会各方都应对水资源生态恢复承担相应的经济责任。

北京应加紧制定实行《北京水生态补偿管理办法》，以生态系统服务功能评估为基础，测算保护水生态的投入（成本）和损失，权衡价值、投入与损失，制定水生态补偿标准。

四、完善水价体系，计入生态成本

应科学调整水价体系，水价不仅应该反映真实的市场关系，同时也要考虑将其计入生态成本。生态成本是对可能造成的生态损失的预防成本，即在不影响社会可持续发展的前提下，需要多少成本来预防水污染的产生和水资源的过量消耗。

以 2008 年北京城镇居民生活用水水价为例，北京城镇居民生活用水水价由水资源费、供水费、污水处理三项构成。北京城镇居民生活用水水价为 3.7 元/t，其中，供水费 1.7 元/t，水资源费 1.1 元/t，污水处理费 0.9 元/t。仅从水价构成看，其生态成本计入量明显不足，一是所付出的污水处理费低于实际水污染处理费用，二是所缴纳的水资源费，从水资源稀缺性、北京实际缺水程度来看，不能补偿水资源过量消耗所付出的代价。当前北京居民用水水价较低，应继续提高水价，加强水生态的修复和水资源的恢复。

同时，水价体系中也可以考虑将水资源保护和水生态补偿的部分成本纳入水价统一核算，或作为水费附加，切实落实实施生态修复的费用支出。

五、完善不同水体的水生态服务功能定位

根据城市战略发展的需求、区域经济发展的状况和水资源状况，对不同水体进行水生态服务功能定位，完善水生态服务功能区划分和管理，制定生态管理制度，实行严格的生态管理。各级管理部门依据水生态服务功能区划制订水生态保护与生态建设规划，根据水生态服务功能区划的功能定位，确定合理的水生态保护与水生态建设目标，制订可行的水生态保护与水生态建设方案和具体实施项目计划。加强水生态系统的恢复、增强水生态系统服务功能，为城市生态安全和城市可持续发展奠定生态基础。

以水生态服务功能定位的管理推动环境生态建设，北京水生态服务功能管理服务于产业生态建设、人居生态建设、景观生态建设、文化生态建设及社会生态建设（图6-6），以环境生态、人居生态、文化生态、景观生态、产业生态、社会生态为一体共同构建生态北京。

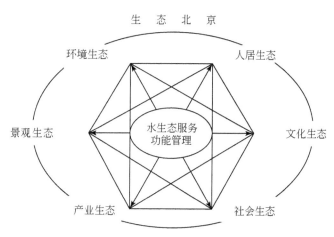

图6-6 北京水生态服务功能管理服务于生态北京示意图

六、加强水资源管理，恢复和增强退化的水生态服务功能

研究结果表明，在水生态系统服务的四大功能中，提供产品功能作为生产要素、生活必需品为社会经济发展和人类生存生活提供服务，有形价值较低，但水

生态系统的提供产品功能无论从生命存续还是从参与生物机体合成等方面仍具有很大的现实意义。文化服务功能将随着经济社会发展进一步得到提升。从目前来看，提高北京水生态服务功能，通过加强水资源管理，恢复和增强现已退化的水生态服务功能，首要的是提高其调节功能和支持功能。

（1）地表水调蓄、地下水调蓄与补给功能主要依靠自然降雨过程，北京多年连旱的趋势没有根本改变，因此短期内不能人为提高地表水调蓄及地下水调蓄与补给功能。

（2）提高水质净化功能和增加空气中负离子的功能主要是通过增加地表水量、增强水体流动性来实现，可采取增加高品质再生水、雨水等非常规水源用于环境用水，加大环境水量，建设曝气装置等促进水体流动的装置和促进水循环的工程设施。

（3）降低温度、增加湿度的气候调节功能和吸收降尘净化空气主要是通过扩大水面面积来实现，可采取利用高品质再生水、雨水等非常规水源营造城市水景观的同时，扩大水面面积。

（4）固碳、释氧、营养物质循环、生物多样性保护等服务功能，主要是通过提供优质的水生动植物生境来实现的。进行合理的城市水系规划，并给予满足生态需要的水量，构建水生动植物的栖息场所和生态廊道。

（5）预防地面沉降功能，主要是通过不超采地下水，涵养地下水来实现的。应合理配置水资源，逐步减少直至停止超采地下水。

（6）增加文化服务功能主要是要保护好水生态系统及水景观，防止旅游污染；在不危害生态的前提下适度开发温泉资源；做好城市河湖的治理及维护；治理和保护永定河、北运河、六海、护城河、昆明湖、长河等水文化代表水系。

七、将水生态服务功能及价值评估纳入到水资源论证中，作为重要的决策依据

水生态服务功能及价值评估应作为决策的重要依据和科学支撑。在日常项目审批和决策中，应将水生态服务功能及价值评估纳入到水资源论证（生态部分）中，对生态可能造成损毁的，要提出补偿方案或赔偿措施，以资金补偿或以项目补偿形式进行补偿或赔偿。对水生态资本增值项目，如永定河水岸经济带重点区域建设项目、北运河水系综合治理项目应给予政策层面的大力支持和财政投入。

参 考 文 献

北京市地方志编纂委员会.2000.北京志——水利志.北京：北京出版社：10-11.

北京市地方志编纂委员会.2003.北京志——供水志.北京：北京出版社：21-22，325-326.

北京市发展和改革委员会.2006a.水资源可持续利用战略思路.内部资料.

北京市发展和改革委员会.2006b.北京市国民经济和社会发展第十一个五年计划发展纲要.
  http：//www.sdpc.gov.cn/fzgh/ghwb/dfgh/t20070409_ 127877.htm.

北京市发展和改革委员会.2009-07-02a.北京市水价.http：//www.bjpc.gov.cn/syjg/syjg_
  ggspxxjg/200605/t119570.htm.

北京市发展和改革委员会.2009-07-02b.北京市电网销售电价.http：//www.bjpc.gov.cn/syjg/
  syjg_ ggspxxjg/200605/t119695.htm.

北京市国土资源局.2004-12-30.2004 年北京市地质环境公报.http：//www.bjgtj.gov.cn.

北京市国土资源局.2006-08-08.北京市地热资源 2006 - 2020 年可持续利用规划.http：//
  www.bjgtj.gov.cn/publish/portalo/tab3220/info61821.htm.

北京市排水集团.2009-07-02a.高碑店污水处理厂简介.http：//www.bdc.cn/cenweb/portal/us-
  er/anon/page/BeijingDrainage_ CMSItemInfoPage.page? metainfoId = ABC00000000000009224.

北京市排水集团.2009-07-02b.清河污水处理厂简介.http：//www.bdc.cn/cenweb/portal/user/
  anon/page/BeijingDrainage_ CMSItemInfoPage.page? metanfoId = ABC00000000000009228.

北京市水利规划设计研究院.2004."十一五"期间北京市水资源合理开发利用及建设节水型
  社会城市相关问题研究.内部资料.

北京市水利局.1999.北京水旱灾害.北京：中国水利水电出版社：3，11-12，175-176，194.

北京市水利科学研究所，北京师范大学.2006.库区水生物状监测评价与水华机理研究.内部
  资料.

北京市水利科学研究所，北京市潮白河管理处，北京市环境保护科学研究院.2008.北京市潮
  白河水源地保护规划.内部资料.

北京市水务局.2007.北运河流域水系综合治理规划（2008~2015）.内部资料.

北京市水务局.2008.北京水务数据手册.内部资料.

北京市水务局.2009a.永定河绿色生态走廊建设规划（2010~2014）.内部资料.

北京市水务局.2009b.2008 年度北京市水资源公报.内部资料.

北京市统计局，国家统计局北京调查总队 . 2007. 北京统计年鉴 2007. http：//www. bjstats. gov. cn/nj/main/2007-tjnj/index. htm.

北京市统计局，国家统计局北京调查总队 . 2009. 北京市统计年鉴 2009. http：//www. bjstats. gov. cn/nj/main/2009-tjnj/index. htm.

北京水利史志编辑委员会 . 1987. 北京水利志稿（第一卷）. 内部资料 .

北京水利史志编辑委员会 . 1992. 北京水利志稿（第二卷）. 内部资料 .

曹荣龙，李存军，刘良云，等 . 2008. 基于水体指数的密云水库面积提取及变化监测 . 测绘科学，33（2）：158-160.

岑嘉法 . 2004-09-17. 北京水资源现状与应急供水主要对策 . http：//www. crcmlr. org. cn/results _ zw. asp？newsId = L709171045516567.

陈德敏，乔兴旺 . 2003. 中国水资源安全法律保障初步研究 . 现代法学，25（5）：118-121.

陈卫，胡东，付必谦，等 . 2007. 北京湿地生物多样性研究 . 北京：科学出版社：54-55，119-120，245-249，254-255，315-325.

陈仲新，张新时 . 2000. 中国生态系统效益的价值 . 科学通报，45（1）：17-22.

崔保山，杨志峰 . 2001. 吉林省典型湿地资源效益评价研究 . 资源科学，（3）：55-61.

崔丽娟 . 2002. 扎龙湿地价值货币化评价 . 自然资源学报，17（4）：451-456.

崔文彦，罗阳，王迎，等 . 2007. 海河流域湿地生态服务价值评价及对策研究 . 海河水利，（6）：13-29.

杜桂森，王建厅，武殿伟，等 . 2001. 密云水库的浮游植物群落结构与密度 . 植物生态学报，25（4）：501-504.

段金平 . 2005-02-22. 可以防治、不必恐慌 . http：//www. cigem. gov. cn/auto/db/detail. html？db = 1006&rid = 1650&agfi = 0&cls = 0&uni = False&cid = 0&md = 55&pd = 210&msd = 11&psd = 5&mdd = 5&count = 20.

范英英，刘永，郭怀成 . 2006. 北京市水资源供需平衡趋势预测及分析 . 安全与环境学报，6（1）：116-120.

宫兆宁，宫辉力，赵文吉 . 2007. 北京湿地生态演变研究——以野鸭湖湿地自然保护区为例 . 北京：中国环境科学出版社：45-55.

郭婧，徐谦，荆红卫，等 . 2006. 北京市近年来大气降尘变化规律及趋势 . 中国环境监测，22（4）：49-52.

郭中伟，李典谟，于丹 . 1998. 生态系统调节水量的价值评估——兴山实例 . 自然资源学报，13（3）：242-248.

国家电力监管委员会大坝安全监察中心 . 2009- 09- 20. 北京电站纵览 . http：// www. dam. com. cn/damView/list1. jsp？sfid = 1.

河北省旅游局考察组.2008-10-10. 关于京郊休闲旅游发展情况的调研报告.http：//
　　www. hebeitour. gov. cn/？ action = zjym&id = 3905.

侯小阁，尚金城.2003. 长春市水环境生态系统服务功能价值评估.江苏环境科技，16（3）：
　　24-27.

黄瑜，谭克修.2004. 城市小水系生态系统服务功能及价值评估方法.城市规划汇刊，1：
　　83-87.

贾绍凤，何希吾，夏军.2004. 中国水资源安全问题及对策.中国科学院院刊，19（5）：
　　347-351.

焦志忠.2008. 循环水务的理论与实践.北京：中国水利水电出版社：27，29-30，32-35.

雷曜扬.2007-3-24. 北京水系概况简述.http：//bbs. oldbeijing. org/dispbbs. asp？ boardID =
　　11&ID = 16018.

李建国，李贵宝，王殿武，等.2005. 白洋淀湿地生态系统服务功能与价值估算的研究.南水
　　北调与水利科技，3（3）：18-21.

李金昌等.1999. 生态价值论.重庆：重庆大学出版社.

李善峰，叶晓滨，何庆成，等.2006. 华北平原地面沉降经济灾害损失评估方法探讨.水文地
　　质工程地质，（4）：114-116.

李文华，欧阳志云，赵景柱.2002. 生态系统服务功能研究.北京：气象出版社：1-27.

李文华.2008. 生态系统服务功能价值评估的理论、方法与应用.北京：中国人民大学出版
　　社：277.

林婉莲，刘鑫洲.1985. 武汉东湖浮游植物各种成份分析与沉淀物中浮游植物活体碳、氮、磷
　　的测定.水生生物学报，9（4）：359-364.

刘焕亮，黄樟翰.2008. 中国水产养殖学.北京：科学出版社：60-61.

刘维志，尚杰，刘凤文.2008. 黑龙江水资源生态服务功能价值评估.安徽农业科学，（30）：
　　340-341.

刘霞，杜桂森，张会，等.2003. 密云水库的浮游植物及水体营养程度.环境科学研究，
　　16（1）：27-29.

刘晓丽，赵然杭，曹升乐.2008. 城市水系生态系统服务功能价值评估初探//任立良，陈喜，
　　章树安，等.环境变化与水安全.北京：中国水利水电出版社：321-324.

刘延恺.2008. 北京水务知识词典.北京：中国水利水电出版社.

刘玉龙，马俊杰，金学林，等.2005. 生态系统服务功能价值评估方法综述.中国人口·资源
　　与环境，15（1）：88-92.

刘征.2006. 河北省水生态系统服务功能重要性评价.河北师范大学硕士学位论文.

鲁春霞，谢高地，成升魁.2001. 河流生态系统的休闲娱乐功能及其价值评估.资源科学，

23 (5)：77-81.

陆健健，何文珊，童春富，等.2006. 湿地生态学. 北京：高等教育出版社：146-149，214-215.

吕宪国.2004. 湿地生态系统保护与管理. 北京：化学工业出版社：19，92.

麦金太尔 D A.1998. 室内气候. 龙惟定译. 上海：上海科学技术出版社：50-60.

倪乐意.1999. 大型水生植物//刘建康. 高级水生生物学. 北京：科学出版社：224-240.

欧阳志云，王如松，赵景柱.1999a. 生态系统服务功能及其生态经济价值评价. 应用生态学报，10 (5)：635-640.

欧阳志云，王效科，苗鸿.1999b. 中国陆地生态系统服务功能及其生态经济价值的初步研究. 生态学报，19 (5)：607-613.

欧阳志云，赵同谦，王效科，等.2004. 水生态服务功能分析及其间接价值评价. 生态学报，24 (10)：2091-2099.

潘文斌，唐涛，邓红兵，等.2002. 湖泊生态系统服务功能评估初探——以湖北保安湖为例. 应用生态学报，13 (10)：1315-1318.

任树梅，杨培岭，许廷武，等.2004. 北京市现行水价制度解析及其改革策略研究//编委会. 第4届流域管理和城市供水国际会议论文集. 北京：中国水利水电出版社：212-217.

任宪韶.2009. 加强水资源保护 保障流域生态安全. 海河水利，(2)：1-3.

任志远，张艳芳，李晶，等.2003. 土地利用变化与生态安全评价. 北京：科学出版社：148.

邵海荣，贺庆棠，阎海平，等.2005. 北京地区空气负离子浓度时空变化特征的研究. 北京林业大学学报，27 (3)：39-43.

舒乙.2009-08-08. 保护好京杭大运河北京段的现实和战略意义. http：//xuejia1962. blog.163.com/blog/static/43924911200978935291 20/.

佟才.2004. 松花江流域水生态系统价值及其可持续利用的研究. 东北师范大学硕士学位论文.

王浩，陆敏建，唐克旺，等.2004. 水生态环境价值和保护对策. 北京：北京交通大学出版社.

王建华，吕宪国.2007. 湿地服务价值评估的复杂性及研究进展. 生态环境，16 (3)：1058-1062.

王祎萍.2004. 北京市超量开采地下水引起的地面沉降研究. 勘察科学技术，(5)：46-49.

魏成林.2010-04-22. 利用地热低资源 建设绿色北京. http：//www.bjgtj.gov.cn/publish/portal0/tab3184/info54834.htm.

吴玲玲，陆健健，童春富，等.2003. 长江口湿地生态系统服务功能价值的评估. 长江流域资源与环境，12 (5)：411-416.

肖寒.2001. 区域生态系统服务功能形成机制与评价方法研究. 中国科学院博士学位论文.

谢高地，鲁春霞，成升魁 . 2001a. 全球生态系统服务价值评估研究进展 . 资源科学，23（6）：5-9.

谢高地，张钇锂，鲁春霞，等 . 2001b. 中国自然草地生态系统服务价值 . 自然资源学报，16（1）：47-53.

辛琨，肖笃宁 . 2002. 盘锦地区湿地生态系统服务功能价值估算 . 生态学报，22（8）：1345-1349.

徐丽红 . 2008-06-11. 要么达标 要么淘汰 . http：//www.cfen.cn/web/cjb/2008-06/11/content _426772. htm.

薛达元 . 2000. 长白山自然保护区森林生态系统间接经济价值评估 . 中国环境科学，20（2）：141-145.

薛茂荣，马维基，孙志德 . 1984. 城市公园空气负离子的调节作用 . 环境科学，（1）：772-781.

颜昌远 . 1999. 水惠京华：北京水利五十年 . 北京：中国水利水电出版社：3-6，51-52.

杨全明，王浩，赵先进 . 2005. 浅析贵州水资源安全保障对策 . 国土资源科技管理，22（2）：54-58.

杨毓桐 . 2006-03-08. 北京的地下水 . http：//www.bjkqs.cn/article_ view. asp? id = 28&menuid = 20054276293955.

叶晓宾，佘文芳，房浩，等 . 2007. 华北平原地面沉降经济损失评估研究结论 . 中国科技成果，（16）：42-45.

于洪涛，杜建伟，李浩 . 2007. 水价形成机制研究 . 河南水利与南水北调，（8）：68，75.

于华鹏 . 2009-08-13. 北京产业结构 60 年铸就"三二一"格局 . http：//chy. bjsme. gov. cn/news/200908/t65981. htm.

於凡 . 2006. 北京市城市水价发展及居民用水承受能力分析 . 海河水利，（3）：67-70.

岳娜 . 2007. 北京地区水资源特点及可持续利用对策 . 首都师范大学学报（自然科学版），28（3）：108-114.

张福存，安永会，姚秀菊 . 2002. 地下水调蓄及其在南水北调工程中的意义 . 南水北调与水利科技，（6）：19-21.

张修峰，刘正文，谢贻发，等 . 2007. 城市湖泊退化过程中水生态系统服务功能价值演变评估——以肇庆仙女湖为例 . 生态学报，27（6）：2349-2354.

赵常洲，龚固培，王晖 . 2006. 地面沉降成因与危害 . 西部探矿工程，（1）：261-263.

赵景柱，肖寒，吴刚 . 2000. 生态系统服务的物质量与价值量评价方法的比较分析 . 应用生态学报，11（2）：290-292.

赵同谦，欧阳志云，王效科，等 . 2003. 中国陆地地表水生态系统服务功能及其生态经济价值评价 . 自然资源学报，18（4）：443-452.

赵同谦，欧阳志云，郑华，等.2004. 中国森林生态系统服务功能及其价值评价. 自然资源学报，19（4）：480-491.

中共门头沟区委宣传部.2004. 永定河——北京的母亲河. 北京：文化艺术出版社：4，5.

中国传统文化总网.2008-08-01. 大运河文化. http：//www.ccdvdv.com/kannews.aspx？BID=866&a=0.

中华人民共和国国家旅游局.2000-12-29. 国家旅游局公布2000年入境旅游者抽样调查综合分析报告. http：//www.cnta.gov.cn.

朱晨东.2008. 论北京市的5次水资源战略部署. 北京水务，（5）：1-3.

庄大昌，丁登山，董明辉.2003. 洞庭湖湿地资源退化的生态经济损益评估. 地理科学，23（6）：680-685.

综译.2008-03-22. 千姿百态，峻岭天成——北京地质地貌景观掠影. 中国矿业报，B4版.

《中国生物多样性国情研究报告》编写组.1998. 中国生物多样性国情研究报告. 北京：中国环境科学出版社.

《中国物价年鉴》编辑部.2008. 中国物价年鉴. 北京：《中国物价年鉴》编辑部：457.

Biggs R, Bohensky E, Desanker P V, et al. 2004. Nature Supporting People：The South African Millennium Ecosystem Assessment. Pretoria：Council for Scientific and Industrial Research：1-6.

Bowker J M, English D B, Donovan J A. 1996. Toward a value for guided rafting on southern rivers. Journal of Agricultural and Applied Economics, 28（2）：423-432.

Brown T C, Taylor J G, Shelby B. 1992. Assessing the direct effects of streamflow on recreation：a literature review. Water Resources Bulletin, 27（6）：979-989.

Chen H, Yang Z F. 2009. Residential water demand model under block rate pricing：a case study of Beijing, China. Communications in Nonlinear Science and Numerical Simulation, 14：2462-2468.

Constanza R, d'Arge R, de Groot R, et al. 1997. The value of the world's ecosystem services and natural capital. Nature, 387：253-260.

Daily G C, Soderqvist T, Aniyar S, et al. 2000. Ecology：the value of nature and the nature of value. Science, 289：395-396.

Daily G C. 1997. Nature's Services：Societal Dependence on Natural Ecosystems. Washington D. C.：Island Press.

Daubert J, Young R. 1981. Recreational demands for maintaining instream flows：a contingent valuation approach. American Journal of Agricultural Economics, 63（4）：666-675.

De Groot R S, Wilson M A, Boumans R M J. 2002. A typology for the classification, description and valuation of ecosystem functions, goods and services. Ecological Economics, 41：393-408.

Duffield J W, Neher C J, Brown T C. 1992. Recreation benefits of instream flow：application to

Montana's Big Hole and Bitterroot Rivers. Water Resources Research, 28 (9): 2169-2181.

Ehrlich P R, Ehrlich A H. 1992. The value of biodiversity. Ambio, 21: 219-226.

Ewel K C. 1997. Water quality improvement by wetlands//Daily G C. Nature's Services: Societal Dependence on Natural Ecosystems. Washington D. C. : Island Press: 329-344.

Hansen L T, Hallam A J. 1990. Single-stage and two-stage decision modeling of recreation demand for water. Journal Agricultural Economic Research, 42 (1): 16-26.

Heal G. 1998. Valuing the Future: Economic Theory and Sustainability. NY: Columbia University Press: 15-28.

Kremen C. 2005. Managing ecosystem services: what do we need to know about their ecology? Ecology Letters, 8: 468-479.

Kulshreshtha S N, Gillies J A. 1993. Economic evaluation of aesthetic amenities: a case study of river view. Water Resources Bulletin, 29 (2): 257-266.

Le Maitre D C, Milton S J, Jarmain C, et al. 2007. Linking ecosystem services and water resources: landscape-scale hydrology of the Little Karoo. Frontiers in Ecology and the Environment, 5 (5): 261-270.

MA (Millennium Ecosystem Assessment) . 2003. Ecosystems and Human Well-being: A Framework for Assessment. Washington D. C. : Island Press: 1-60.

MA (Millennium Ecosystem Assessment) . 2005. Ecosystem and Human Well-being. Washington D. C. : Island Press: 7, 40.

Moore S D, Wilkosz M E, Brickler S K. 1990. The recreational impact of reducing the "Laughing Waters" of Aravaipa Creek. Arizona Rivers, 1 (1): 43-50.

National Research Council of the National Academies. 2005. Valuing Ecosystem Services: Toward Better Environmental Decision-making. Washington D. C. : National Academies Press.

Sub-global Assessment Selection Working Group of the Millennium Ecosystem Assessment. 2001. Millennium ecosystem assessment sub-global component: purpose, structure and protocols. http: //www. millenniumassessment. org.

Tong C, Feagin R A. 2007. Ecosystem service values and restoration in the urban Sanyang wetland of Wenzhou, China. Ecological Engineering, 29: 249-258.

Wallace K J. 2007. Classification of ecosystem services: problems and solutions. Biological Conservation, 139: 235-246.

Wilson M A, Carpenter S R. 1999. Economic valuation of freshwater ecosystem services in the United States: 1971-1997. Ecological Applications, 9 (3): 772-783.

Woodward R T, Wui Yong-Suhk. 2001. The economic value of wetland services: a meta- analysis.

Ecological Economics, 37: 257-270.

Word F A. 1987. Economics of water allocation to instream uses in a fully appropriated river basin: evidence from a New Mexico Wild River. Water Resources Research, 23 (3): 381-392.

Young R A, Gray S L. 1972. Economic Value of Water: Concepts and Empirical Estimates. National Water Commission Report: NO. SBS 72-047.

附录1 北京湿地及其附近鸟类分布名录

序号	种名	学名	保护级别
1	东方白鹳	*Ciconia boyciana*	I *
2	黑鹳	*Ciconia nigra*	I
3	白尾海雕	*Haliaeetus albicilla*	I
4	金雕	*Aquila chrysaetos*	I
5	白头鹤	*Grus monacha*	I
6	大鸨	*Otis tarda*	I
7	赤颈䴙䴘	*Podiceps grisegena*	II
8	角䴙䴘	*Podiceps auritus*	II
9	卷羽鹈鹕	*Pelecanus crispus*	II
10	白琵鹭	*Platalea leucorodia*	II
11	大天鹅	*Cygnus cygnus*	II
12	小天鹅	*Cygnus columbianus*	II
13	白额雁	*Anser albifrons*	II
14	鸳鸯	*Aix galericulata*	II
15	鹗	*Pandion haliaetus*	II
16	黑鸢（黑耳鸢）	*Milvus lineatus*	II
17	凤头蜂鹰	*Pernis ptilorhynchus*	II
18	灰脸鵟鹰	*Butastur indicus*	II
19	苍鹰	*Accipiter gentilis*	II
20	雀鹰	*Accipiter nisus*	II
21	大鵟	*Buteo hemilasius*	II
22	普通鵟	*Buteo buteo*	II
23	毛脚鵟	*Buteo lagopus*	II
24	乌雕	*Aquila clanga*	II
25	草原雕	*Aquila rapax*	II

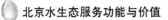

序号	种名	学名	保护级别
26	白腹鹞	*Circus spilonotus*	II
27	白尾鹞	*Circus cyaneus*	II
28	白头鹞	*Circus aeruginosus*	II
29	鹊鹞	*Circus melanoleucos*	II
30	秃鹫	*Aegypius monachus*	II
31	猎隼	*Falco cherrug*	II
32	游隼	*Falco peregrinus*	II
33	燕隼	*Falco subbuteo*	II
34	黄爪隼	*Falco naumanni*	II
35	红脚隼	*Falco vespertinus*	II
36	红隼	*Falco tinnunculus*	II
37	灰背隼	*Falco columbarius*	II
38	蓑羽鹤	*Anthropoides virgo*	II
39	灰鹤	*Grus grus*	II
40	白枕鹤	*Grus vipio*	II
41	红角鸮	*Otus sunia*	II
42	纵纹腹小鸮	*Athene noctua*	II
43	长耳鸮	*Asio otus*	II
44	鹏鸮	*Bubo bubo*	II
45	小鸊鹈	*Tachybaptus ruficollis*	1*
46	黑颈鸊鹈	*Podiceps nigricollis*	1*
47	凤头鸊鹈	*Podiceps cristatus*	1*
48	大白鹭	*Egretta alba*	1*
49	中白鹭	*Egretta intermedia*	1*
50	小白鹭	*Egretta garzetta*	1*
51	普通燕鸻	*Glareola maldivarum*	1*
52	普通夜鹰	*Caprimulgus indicus*	1*
53	雨燕、楼燕	*Apus apus*	1*
54	白腰雨燕	*Apus pacificus*	1*
55	蓝翡翠	*Halcyon pileata*	1*
56	三宝鸟	*Eurystomus orientalis*	1*

序号	种名	学名	保护级别
57	蚁䴕	*Jynx torquilla*	1*
58	灰头绿啄木鸟	*Picus canus*	1*
59	星头啄木鸟	*Picoides canicapillus*	1*
60	棕腹啄木鸟	*Picoides hyperythrus*	1*
61	大斑啄木鸟	*Picoides major*	1*
62	黑卷尾	*Dicrurus macrocercus*	1*
63	发冠卷尾	*Dicrurus hottentottus*	1*
64	红嘴蓝鹊	*Urocissa erythrorhyncha*	1*
65	灰喜鹊	*Cyanopica cyana*	1*
66	白喉针尾雨燕	*Hirundapus caudacutus*	1
67	苍鹭	*Ardea cinerea*	2*
68	草鹭	*Ardea purpurea*	2*
69	池鹭	*Ardeola bacchus*	2*
70	绿鹭	*Butorides striatus*	2*
71	夜鹭	*Nycticorax nycticorax*	2*
72	黄斑苇鳽	*Ixobrychus sinensis*	2*
73	紫背苇鳽	*Ixobrychus eurhythmus*	2*
74	大麻鳽	*Botaurus stellaris*	2*
75	鸿雁	*Anser cygnoides*	2*
76	豆雁	*Anser fabalis*	2*
77	灰雁	*Anser anser*	2*
78	赤麻鸭	*Tadorna ferruginea*	2*
79	翘鼻麻鸭	*Tadorna tadorna*	2*
80	针尾鸭	*Anas acuta*	2*
81	绿翅鸭	*Anas crecca*	2*
82	花脸鸭	*Anas formosa*	2*
83	罗纹鸭	*Anas falcata*	2*
84	绿头鸭	*Anas platyrhynchos*	2*
85	斑嘴鸭	*Anas poecilorhyncha*	2*
86	赤膀鸭	*Anas strepera*	2*
87	赤颈鸭	*Anas penelope*	2*

 北京水生态服务功能与价值

续表

序号	种名	学名	保护级别
88	白眉鸭	*Anas querquedula*	2*
89	琵嘴鸭	*Anas clypeata*	2*
90	赤嘴潜鸭	*Netta rufina*	2*
91	红头潜鸭	*Aythya ferina*	2*
92	青头潜鸭	*Aythya baeri*	2*
93	凤头潜鸭	*Aythya fuligula*	2*
94	白眼潜鸭	*Aythya nyroca*	2*
95	斑背潜鸭	*Aythya marila*	2*
96	长尾鸭	*Clangula hyemalis*	2*
97	斑脸海番鸭	*Melanitta fusca*	2*
98	鹊鸭	*Bucephala clangula*	2*
99	斑头秋沙鸭	*Mergus albellus*	2*
100	红胸秋沙鸭	*Mergus serrator*	2*
101	普通秋沙鸭	*Mergus merganser*	2*
102	石鸡	*Alectoris chukar*	2*
103	斑翅山鹑	*Perdix dauuricae*	2*
104	鹌鹑	*Coturnix coturnix*	2*
105	环颈雉	*Phasianus colchicus*	2*
106	岩鸽	*Columba rupestris*	2*
107	鹰鹃	*Cuculus sparverioides*	2*
108	四声杜鹃	*Cuculus micropterus*	2*
109	大杜鹃	*Cuculus canorus*	2*
110	戴胜	*Upupa epops*	2*
111	蒙古百灵	*Melanocorypha mongolica*	2*
112	云雀	*Alauda arvensis*	2*
113	角百灵	*Eremophila alpestris*	2*
114	崖沙燕	*Riparia riparia*	2*
115	岩燕	*Hirundo rupestris*	2*
116	家燕	*Hirundo rustica*	2*
117	金腰燕	*Hirundo daurica*	2*
118	毛脚燕	*Delichon urbica*	2*

续表

序号	种名	学名	保护级别
119	太平鸟	*Bombycilla garrulus*	2*
120	山鹛	*Rhopophilus pekinensis*	2*
121	鳞头树莺	*Cettia squamciceps*	2*
122	细纹苇莺	*Acrocephalus sorghophilus*	2*
123	黑眉苇莺	*Acrocephalus bistrigiceps*	2*
124	褐柳莺	*Phylloscopus fuscatus*	2*
125	棕眉柳莺	*Phylloscopus armandii*	2*
126	黄眉柳莺	*Phylloscopus inornatus*	2*
127	黄腰柳莺	*Phylloscopus proregulus*	2*
128	暗绿柳莺	*Phylloscopus trochiloides*	2*
129	冕柳莺	*Phylloscopus coronatus*	2*
130	戴菊	*Regulus regulus*	2*
131	红喉姬鹟	*Ficedula parva*	2*
132	白眉姬鹟	*Ficedula zanthopygia*	2*
133	乌鹟	*Muscicapa sibirica*	2*
134	北灰鹟	*Muscicapa latirostris*	2*
135	山噪鹛	*Garrulax davidi*	2*
136	银喉长尾山雀	*Aegithalos caudatus*	2*
137	大山雀	*Parus major*	2*
138	黄腹山雀	*Parus venustulus*	2*
139	煤山雀	*Parus ater*	2*
140	沼泽山雀	*Parus palustris*	2*
141	褐头山雀	*Parus montanus*	2*
142	红胁绣眼鸟	*Zosterops erythropleurus*	2*
143	黑枕黄鹂	*Oriolus chinensis*	2*
144	红尾伯劳	*Lanius cristatus*	2*
145	灰伯劳	*Lanius excubitor*	2*
146	楔尾伯劳	*Lanius sphenocercus*	2*
147	牛头伯劳	*Lanius bucephalus*	2*
148	大短趾百灵	*Calandrella brachydactyla*	2
149	亚洲短趾百灵	*Calandrella cheleensis*	2

序号	种名	学名	保护级别
150	凤头百灵	*Galerida cristata*	2
151	棕扇尾莺	*Cisticola juncidis*	2
152	东方大苇莺	*Acrocephalus orientalis*	2
153	厚嘴苇莺	*Acrocephalus aedon*	2
154	钝翅苇莺	*Acrocephalus concinens*	2
155	棕头鸦雀	*Paradoxornis webbianus*	2
156	普通鸬鹚	*Phalacrocorax carbo*	*
157	普通秧鸡	*Rallus aquaticus*	*
158	白胸苦恶鸟	*Amaurornis phoenicurus*	*
159	斑胁田鸡	*Porzana paykullii*	*
160	小田鸡	*Porzana pusilla*	*
161	红胸田鸡	*Porzana fusca*	*
162	董鸡	*Gallicrx cinerea*	*
163	黑水鸡	*Gallinula chloropus*	*
164	白骨顶	*Fulica atra*	*
165	鹮嘴鹬	*Ibidorhyncha struthersii*	*
166	凤头麦鸡	*Vanellus vanellus*	*
167	灰头麦鸡	*Vanellus cinereus*	*
168	灰斑鸻	*Pluvialis squatarola*	*
169	金斑鸻	*Pluvialis fulva*	*
170	剑鸻	*Charadrius hiaticula*	*
171	长嘴剑鸻	*Charadrius placidus*	*
172	环颈鸻	*Charadrius alexandrinus*	*
173	金眶鸻	*Charadrius dubius*	*
174	丘鹬	*Scolopax rusticola*	*
175	扇尾沙锥	*Gallinago gallinago*	*
176	斑尾塍鹬	*Limosa lapponica*	*
177	黑尾塍鹬	*Limosa limosa*	*
178	中杓鹬	*Numenius phaeopus*	*
179	白腰杓鹬	*Numenius arquata*	*
180	鹤鹬	*Tringa erythropus*	*

续表

序号	种名	学名	保护级别
181	红脚鹬	*Tringa totanus*	*
182	青脚鹬	*Tringa nebularia*	*
183	泽鹬	*Tringa stagnatilis*	*
184	白腰草鹬	*Tringa ochropus*	*
185	林鹬	*Tringa glareola*	*
186	矶鹬	*Actitis hypoleucos*	*
187	翘嘴鹬	*Xenus cinereus*	*
188	红腹滨鹬	*Calidris canutus*	*
189	红颈滨鹬	*Calidris ruficollis*	*
190	乌脚滨鹬	*Calidris tenuminckii*	*
191	尖尾滨鹬	*Calidris acuminata*	*
192	黑翅长脚鹬	*Himantopus himantopus*	*
193	反嘴鹬	*Recurvirostra avosetta*	*
194	黑尾鸥	*Larus crassirostris*	*
195	海鸥	*Larus canus*	*
196	银鸥	*Larus argentatus*	*
197	棕头鸥	*Larus brunnicephalus*	*
198	红嘴鸥	*Larus ridibundus*	*
199	红嘴巨鸥	*Hydroprogne caspia*	*
200	须浮鸥	*Chlidonias hybridus*	*
201	普通燕鸥	*Sterna hirundo*	*
202	白额燕鸥	*Sterna albifrons*	*
203	山斑鸠	*Streptopelia orientalis*	*
204	灰斑鸠	*Streptopelia decaocto*	*
205	火斑鸠	*Streptopelia tranquebarica*	*
206	珠颈斑鸠	*Streptopelia chinensis*	*
207	普通翠鸟	*Alcedo atthis*	*
208	山鹡鸰	*Dendronanthus indicus*	*
209	灰鹡鸰	*Motacilla cinerea*	*
210	白鹡鸰	*Motacilla alba*	*
211	黄头鹡鸰	*Motacilla citreola*	*

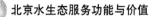

序号	种名	学名	保护级别
212	黄鹡鸰	*Motacilla flava*	*
213	田鹨	*Anthus richardi*	*
214	布莱氏鹨	*Anthus godlewskii*	*
215	树鹨	*Anthus hodgsoni*	*
216	水鹨	*Anthus spinoletta*	*
217	白头鹎	*Pycnonotus sinensis*	*
218	棕眉山岩鹨	*Prunella montanella*	*
219	红喉歌鸲	*Luscinia calliope*	*
220	蓝喉歌鸲	*Luscinia svecicus*	*
221	蓝歌鸲	*Luscinia cyane*	*
222	红胁蓝尾鸲	*Tarsiger cyanurus*	*
223	北红尾鸲	*Phoenicurus auroreus*	*
224	黑喉石鸥	*Saxicola torquata*	*
225	虎斑地鸫	*Zoothera dauma*	*
226	灰背鸫	*Turdus hortulorum*	*
227	白腹鸫	*Turdus pallidus*	*
228	斑鸫	*Turdus naumanni*	*
229	喜鹊	*Pica pica*	*
230	达乌里寒鸦	*Corvus dauuricus*	*
231	秃鼻乌鸦	*Corvus frugilegus*	*
232	灰椋鸟	*Sturnus cineraceus*	*
233	八哥	*Acridotheres cristatellus*	*
234	麻雀	*Passer montanus*	*
235	燕雀	*Fringilla montifringilla*	*
236	普通朱雀	*Carpodacus erythrinus*	*
237	北朱雀	*Carpodacus roseus*	*
238	金翅雀	*Carduelis sinica*	*
239	黄雀	*Carduelis spinus*	*
240	锡嘴雀	*Coccothraustes coccothraustes*	*
241	黑尾蜡嘴雀	*Eophona migratoria*	*
242	黑头蜡嘴雀	*Eophona personata*	*

续表

序号	种名	学名	保护级别
243	白头鹀	*Emberiza leucocephalos*	*
244	灰眉岩鹀	*Emberiz cia*	*
245	三道眉草鹀	*Emberiz cioides*	*
246	白眉鹀	*Emberiza tristrami*	*
247	栗耳鹀	*Emberiza fucata*	*
248	小鹀	*Emberiza pusilla*	*
249	黄眉鹀	*Emberiza chryophrys*	*
250	田鹀	*Emberiza rustica*	*
251	黄喉鹀	*Emberiza elegans*	*
252	黄胸鹀	*Emberiza aureola*	*
253	栗鹀	*Emberiza rutila*	*
254	灰头鹀	*Emberiza spodocephala*	*
255	苇鹀	*Emberiza pallasi*	*
256	芦鹀	*Emberiza schoeniclus*	*
257	铁爪鹀	*Calcarius lapponicus*	*

注：Ⅰ为国家一级保护；Ⅱ为国家二级保护；1为北京市一级保护；2为北京市二级保护。

*国家保护的有益的或者有重要经济和科学研究价值的野生动物。

附录 2　北京水文化价值调查评估研究专题

北京具有悠久的水利史和灿烂的水文化，北京城的发展与水息息相关，水文化在北京历史文化中占据重要地位。永定河、北运河（大运河北端）、六海（西海、后海、前海、北海、中海、南海）、护城河、昆明湖、玉泉山泉群、长河（南长河）等代表性水系是北京城市历史文化的重要组成部分和重要载体，在北京的形成和发展中发挥了不可替代的作用。

北京城市发展积淀了深厚的水文化，是非常宝贵的财富，需要我们下大力气发掘、整理并继承、创新。我们一方面要加强北京传统水文化的研究，另一方面要自觉地建设新时期的北京水文化。

提高水文化的价值，提升全社会对水文化的重视程度，是一项艰巨的工程。定期开展水文化价值评估，能够展现北京水文化价值的现状与发展趋势，及时发现问题，因势利导，变事后被动调整为事前主动引导，同时能够加快北京市水文化建设工作进度、提高工作效率。为了摸清北京居民对于水文化的认知、态度、接触情况和支付意愿，开展了北京水文化价值调查评估研究。

1　研究方法和结论

1.1　研究方法

根据北京市统计局发布的《北京市统计年鉴（2008 版）》，北京常住人口为 1633 万，按照万分之一的抽样标准，本次调研的总样本量为 1633。为保证样本的代表性，本次调查采取多阶段分层整群随机抽样的方法，依据调查区域类型和经济、社会发展水平，按照区域和经济水平进行分层，结合人口分布，确定第一阶段抽样框架，共分三个阶段进行抽样。

第一阶段：在十八区县，定义街道、乡镇或学校为群的单位，采用整群抽样方法，分别在每个区随机整群抽取 2 个街道/乡镇/学校。

第二阶段：在区县，定义乡镇或街道的居委会或行政村为群的抽样单位，采用随机整群抽样的方法从样本街道/乡镇中抽取1个居委会/村。

第三阶段：采用整群抽样的方法，每个居委会/村常住人口全部作为调查对象接受访问，每个村随机入户调查完成50个样本。

被访对象是在北京工作3个月以上、最近一个月内未接受过问卷调查的北京市常住居民。

本次调研采用入户访问的方式进行，接触样本1684例，成功回收有效样本1633例。

1.2 主要结论

1.2.1 北京水文化支付意愿

（1）支付费用意愿：北京水文化七个代表性水系的社会效益价值合计约为472.2亿元/年。

（2）支付意愿现状：北京市居民在水文化保护和利用方面的支付意愿有较大的上升空间，为保护和利用七个代表性水系而愿意每月支付5元、10元、15元和20元的居民所占比例分别合计均在五成以上。

（3）支付意愿率：北京市居民对水文化建设的积极性很高，对支持水文化建设的支付意愿强。北京居民对永定河等七个北京水文化代表性水系的总体支付意愿率均在85%以上，其中对永定河、北运河、护城河、昆明湖的总体支付意愿率均在90%以上。

1.2.2 北京水文化认知度

（1）水文化代表水系认知：总体看来，在各调研的水系中，永定河的认知度最高，其无提示第一提及率为22.6%，提示后提及率高达54.0%，且半数以上的被访者认为永定河是最能代表北京水文化的水系。六海的认知度居于第二（其中，后海的提及率最高），对应比例分别为26.7%与9.5%，北运河的认知度处于第三名的位置，对应提及比例分别为13.0%与7.5%。

（2）水文化相关政策措施认知：北京居民对北京水文化建设政策措施的了解程度有较大的提升空间；对北京水文化建设政策措施了解程度较好的被访居民

所占比例刚过三成，而一般了解的被访居民所占比例接近五成。

1.2.3　北京水文化接触度

（1）接触度：北京水文化七个代表性水系中，永定河的接触度最高，其次是护城河。长河（南长河）的接触度最低。统计结果显示，77.5%的被访居民接触过永定河，68.0%的被访居民接触过护城河。

（2）接触时间：从居民接触北京水文化的时间来看，接近六成的被访居民在一个月内接触过水文化；从接触频率来看，半数以上被访居民经常接触永定河与护城河，对应比例分别为58.1%与55.9%。

（3）接触目的：北京居民接触北京水文化的主要目的是休闲娱乐与旅游度假，以生活、工作必需为目的而接触水文化的居民所占比例较低。69.7%的被访居民接触北京水文化的目的是日常休闲娱乐，56.6%的被访居民接触北京水文化的目的是旅游度假，49.9%的被访居民接触北京水文化的目的是领略水文化、陶冶性情。

（4）影响接触因素：影响北京居民接触水文化的主要因素是个人兴趣及与水文化区域的地理距离。家庭收入已经是次要的影响因素。

1.2.4　北京水文化建设满意度

（1）期望度：总体看来，北京市居民对北京水文化建设的总体期望较高，53.2%的被访居民认为北京"作为首都，应该大力投入建设具有特色的水文化"，33.4%的被访居民认为"北京应该适度投入水文化建设"。

（2）满意度：北京居民对北京水文化建设现状满意度较高，表示满意的被访居民所占比例达到44.7%。持中性态度的被访居民所占比例为48.2%，接近全体受访者的五成，这表明北京水文化建设工作在提升居民满意度方面尚有较大空间。

（3）不满意的原因：集中反映在"对水文化的保护和恢复力度不够"、"对水在文化层面的价值关注太少"和"宣传力度不够"三个问题上。

2　居民基本信息细分研究

2.1　性别分布

在本次调研中，男性调查对象略多于女性调查对象，符合北京市人口性别分布情况，男性调查对象所占比例为 51.6%，女性调查对象所占比例为 48.4%（附图 1）。

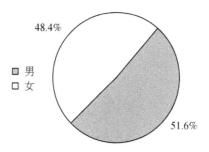

附图 1 被调查人群性别分布

2.2 年龄分布

鉴于本次调研的目的和内容，调查对象限制为 15~69 岁的居民。从被调查居民的年龄分布看，年龄在 15~24 岁的居民所占比例为 12.1%，25~34 岁的居民所占比例为 42.5%，35~44 岁的居民所占比例为 33.1%，45~59 岁的居民比例为 10.7%，60~69 岁的居民所占比例为 1.7%。被调查居民中，年龄在 25~44 岁之间的居民所占比例合计达到 75.6%（42.5%＋33.1%）（附图 2）。

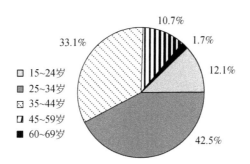

附图 2 被调查人群年龄分布

2.3 学历分布

从被调查居民的学历结构看，学历为初中及以下的居民所占比例为 17.8%，中学学历的居民所占比例为 28.9%，大学专科学历的居民所占比例为 21.3%，大学本科学历的居民所占比例为 26.1%，硕士及以上学历的居民所占比例为 5.9%，这表明被访居民的受教育水平较高（附图3）。

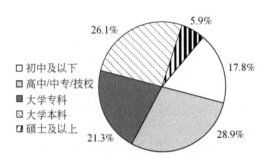

附图3　被调查人群学历分布

2.4　单位性质分布

从调查对象的工作单位性质分布来看，在事业单位/社会团体/非政府组织工作的被访居民占绝大多数，其比例为 70.2%，在党政机关工作的被访居民所占比例为 6.7%，在科研教学机构工作的被访居民所占比例为 6.3%，在资源管理和保护部门与机构工作的被访居民所占比例为 3.6%，农民所占比例为 7.3%，另有 5.9% 的被访居民处于下岗/待业状态（附图4）。

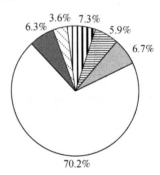

附图4　被调查人群单位性质分布

2.5　家庭收入分布

从被调查居民的家庭月收入分布看，被访居民家庭以中低收入为主。家庭月收入在 1001~3000 元的居民所占比例为 21.8%，家庭月收入在 3001~5000 元的居民所占比例为 26.1%，家庭月收入在 5001~8000 元的居民所占比例为 22.2%，家庭月收入在 8001~10 000 元的居民所占比例为 13.0%，家庭月收入在 10 001~20 000 元的居民所占比例为 9.6%。家庭月收入在 3001~10 000 元的居民占比合计为 61.3%（26.1% +22.2% +13.0%）（附图 5）。

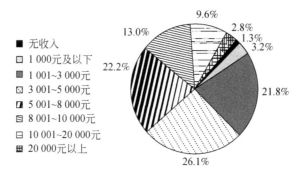

附图 5　被调查人群家庭收入构成

3　北京水文化认知度研究

3.1　北京水文化代表性水系的提示前后第一提及率对比

本次调研通过无提示提问和提示后提问两种方式分析被访居民对永定河等七个代表性水文化水系的认知度。如附图 6 所示，无提示第一提及率最高的是六

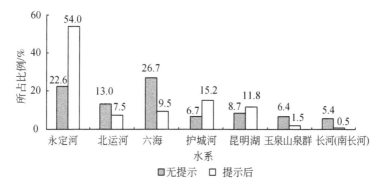

附图 6　北京水文化代表水系提示前后第一提及率对比

海，比例为26.7%；其次是永定河，无提示第一提及率为22.6%。中南海、北海、后海广为公众所知，这是众多被访者在被问及北京水文化代表性水系时首选六海的主要原因。

访问员向被访居民出示卡片、简单介绍七个代表性水文化水系之后，54.0%的被访居民首选永定河最能代表北京水文化，其次是护城河，提示后第一提及率为15.2%。作为北京的母亲河，永定河曾经是北京的主要水源，并且与很多重要历史事件有关，对北京居民具有特别的文化意义，因此半数以上的被访居民在提示后认为永定河是最能代表北京水文化的水系。

3.2 提示后认知度

3.2.1 总体情况

经提示后，98.0%的被访居民表示听说过永定河，95.6%的被访居民表示听说过护城河，85.3%的被访居民表示听说过昆明湖。表示听说过长河（南长河）的被访居民所占比例最低，为50.8%。表示听说过六海的被访居民所占比例较低，为62.0%，这主要是因为居民日常生活中习惯于"后海"、"北海"、"中南海"等分开的称呼，而不太习惯总称为"六海"（附图7）。

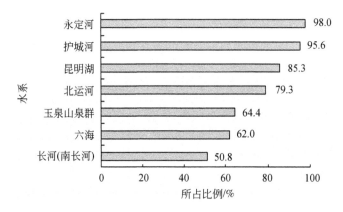

附图7　北京水文化水系提示后认知度

总体来看，被访居民对北京水文化七个代表性水系的提示后认知度较高，最高的永定河和护城河的提示后认知度超过95%，长河（南长河）的提示后认知度虽然相对较低，但也达到了50.8%。

3.2.2 十八区县

北京十八区县被访居民在提示后对北京七个代表性水文化水系的认知度分布于总体分布情况一致。如附表1所示，各区县被访居民对永定河、护城河的提示后认知度均在90%以上，对六海、玉泉山泉群和长河（南长河）的提示后认知度均在80%以下。

附表1 十八区县水文化水系提示后认知度 （单位：%）

地区	认知度						
	永定河	北运河	六海	护城河	昆明湖	玉泉山泉群	长河（南长河）
昌平区	97.8	80.2	59.3	95.6	81.3	56.0	51.6
朝阳区	100.0	83.5	59.3	95.6	82.4	70.3	58.2
崇文区	95.6	76.9	67.0	95.6	89.0	58.2	47.3
大兴区	95.6	80.2	57.1	93.4	76.9	65.9	50.5
东城区	97.8	60.4	63.7	95.6	86.8	53.8	30.8
房山区	96.7	78.9	72.2	98.9	85.6	64.4	55.6
丰台区	96.7	84.6	60.4	95.6	92.3	79.1	46.2
海淀区	98.9	72.5	59.3	94.5	91.2	53.8	45.1
怀柔区	97.8	74.4	61.1	96.7	76.7	61.1	45.6
门头沟区	100.0	78.9	57.8	95.6	82.2	66.7	52.2
密云县	93.4	78.0	62.6	94.5	85.7	52.7	48.4
平谷区	98.9	81.1	64.4	95.6	77.8	65.6	52.2
石景山区	100.0	81.3	65.9	92.7	82.4	70.3	56.0
顺义区	94.4	85.6	62.2	98.9	76.7	64.4	58.9
通州区	98.9	85.7	64.8	95.6	86.8	70.3	54.9
西城区	98.9	74.7	69.2	98.9	91.2	69.2	50.5
宣武区	97.8	74.7	67.0	95.6	83.5	53.8	48.4
延庆县	96.7	84.6	64.8	96.7	85.7	64.8	48.4

各区县居民对北京水文化代表性水系认知度的趋同性，有利于集中资源宣传认知度不高的水文化水系，从而帮助居民提高对水文化认知的全面性，推动水文化整体认知水平的提升，进而促进水文化保护、利用和建设工作的深入开展。

4 北京水文化建设满意度研究

4.1 北京水文化建设总体期望

4.1.1 总体情况

调查发现，被访居民对北京水文化建设的总体期望很高，53.2%的被访居民认为北京"作为首都，应该大力投入建设具有特色的水文化"，33.4%的被访居民认为"北京应该适度投入水文化建设"，因此期望对北京水文化建设进行投入的北京居民所占比例达到86.6%（53.2%＋33.4%）。

对北京水文化建设总体期望持无所谓态度的被访者比例较低，认为"北京缺水，能够满足用水需求就行，水文化建设可有可无"的被访居民所占比例仅为13.4%。换一种角度看，做好供水工作、切实保障北京供水需求，是促进更多居民参与北京水文化建设事业的重要基础（附图8）。

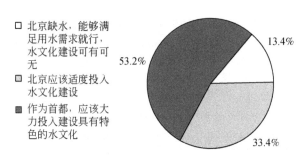

附图8　北京水文化建设总体期望

4.1.2 十八区县

从各区县角度看，昌平区、房山区、平谷区、通州区和西城区均有60%或以上的被访居民认为北京"作为首都，应该大力投入建设具有特色的水文化"，十八区县中只有大兴区、海淀区和石景山区的被访居民选此选项的比例低于50%。

对北京水文化建设总体期望持无所谓态度，即选择"北京缺水，能够满足用水需求就行，水文化建设可有可无"的被访居民，只有在东城区、海淀区、密云县和延庆县等四个区县所占比例超过15%，也就是说其他十四区县被访居民对北京水文化建设总体期望持积极态度的比例均在85%以上（附表2）。

附表2 十八区县水文化建设总体期望 （单位:%）

地区	总体期望		
	北京缺水，能够满足用水需求就行，水文化建设可有可无	北京应该适度投入水文化建设	作为首都，应该大力投入建设具有特色的水文化
昌平区	11.0	28.6	60.4
朝阳区	14.3	30.8	54.9
崇文区	14.3	30.8	54.9
大兴区	13.2	38.5	48.4
东城区	20.9	25.3	53.8
房山区	10.0	30.0	60.0
丰台区	13.2	28.6	58.2
海淀区	15.4	44.0	40.7
怀柔区	12.2	30.0	57.8
门头沟区	12.2	31.1	56.7
密云县	18.7	29.7	51.6
平谷区	10.0	30.0	60.0
石景山区	14.3	40.7	45.1
顺义区	12.2	34.4	53.3
通州区	8.8	30.8	60.4
西城区	9.9	29.7	60.4
宣武区	13.2	35.2	51.6
延庆县	15.4	26.4	58.2

4.2 北京水文化建设政策措施了解程度研究

4.2.1 总体情况

调查显示，仅有6.7%的被访居民表示非常了解北京水文化建设政策措施，24.7%的被访居民是比较了解，选择一般了解的被访居民达到46.3%，还有

20.6%的被访居民表示不太了解。

　　对北京水文化建设政策措施了解程度较好的被访居民所占比例刚过30%（6.7% +24.7%），而一般了解的被访居民所占比例接近五成，这表明居民对北京水文化建设政策措施的了解程度有较大的提升空间（附图9）。

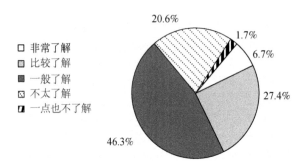

附图9　北京水文化建设政策措施了解程度

4.2.2　十八区县

　　从区县细分角度看，被访居民也都是以对北京水文化建设政策措施一般了解为主，十八区县中只有崇文区有10%以上的被访居民表示非常了解，但崇文区亦有20.9%的被访居民表示不太了解。东城区、丰台区、海淀区等九个区县有20%以上的被访居民表示不太了解北京水文化建设政策措施（附表3）。

附表3　十八区县水文化建设政策措施了解程度　　　　（单位:%）

地区	了解程度				
	非常了解	比较了解	一般了解	不太了解	一点也不了解
昌平区	6.6	28.6	46.2	18.7	0.0
朝阳区	8.8	29.7	44.0	16.5	1.1
崇文区	12.1	25.3	39.6	20.9	2.2
大兴区	9.9	20.9	49.5	17.6	2.2
东城区	9.9	16.5	38.5	27.5	7.7
房山区	6.7	21.1	57.8	14.4	0.0
丰台区	5.5	33.0	31.9	28.6	1.1
海淀区	6.6	18.7	50.5	23.1	1.1
怀柔区	1.1	12.2	56.7	30.0	0.0

地区	了解程度				
	非常了解	比较了解	一般了解	不太了解	一点也不了解
门头沟区	4.4	23.3	47.8	23.3	1.1
密云县	6.6	24.2	30.8	34.1	4.4
平谷区	5.6	20.0	48.9	24.4	1.1
石景山区	2.2	30.8	51.6	14.3	1.1
顺义区	3.3	24.4	61.1	8.9	2.2
通州区	5.5	24.2	52.7	16.5	1.1
西城区	7.7	27.5	40.7	18.7	5.5
宣武区	2.2	25.3	44.0	24.2	4.4
延庆县	8.8	18.7	47.3	25.3	0.0

在对北京水文化建设政策措施了解程度相对不高的情况下，被访居民对北京水文化建设持有较高的总体期望度，这说明两点问题：其一，北京水文化建设具有良好的群众心理基础；其二，应加强北京水文化建设各项政策措施的宣传，让北京居民了解这些政策措施，从而能够参与到水文化建设的过程中，形成水文化建设的民间推动力。

4.3　北京水文化建设满意度

4.3.1　总体情况

统计结果显示，北京居民对北京水文化建设现状的满意度较高，5.1%的被访居民表示非常满意，39.6%的被访居民表示比较满意，表示满意的被访居民比例达到44.7%（5.1%＋39.6%），而表示不满意的被访居民的比例仅为7.1%（5.7%＋1.4%）（附图10）。

值得注意的是，对于北京水文化建设满意度持中性态度的被访居民比例为48.2%，接近全体受访者的五成，找出北京水文化建设中致使居民不满意的因素，是进一步推进水文化建设工作的重要内容。

北京水生态服务功能与价值

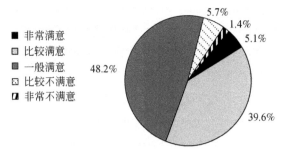

附图10 北京水文化建设满意度

4.3.2 十八区县

从区县细分角度看，如附表4所示，各区县在北京水文化建设满意度调查中持中性态度的被访居民所占比例均超过40%，其中昌平区、怀柔区、门头沟区、密云县、平谷区、西城区和宣武区中持中性态度的居民所占比例超过50%。大兴区和石景山区水被访居民的水文化建设满意度超过50%，前者达到53.9%（9.9%+44.0%），后者为50.6%（1.1%+49.5%）。

附表4 十八区县水文化建设满意度 （单位:%）

地区	满意度				
	非常满意	比较满意	一般满意	比较不满意	非常不满意
昌平区	7.7	29.7	53.8	8.8	0.0
朝阳区	6.6	41.8	45.1	5.5	1.1
崇文区	7.7	41.8	40.7	7.7	2.2
大兴区	9.9	44.0	42.9	1.1	2.2
东城区	8.8	27.5	46.2	11.0	6.6
房山区	3.3	45.6	45.6	5.6	0.0
丰台区	4.4	38.5	49.5	4.4	3.3
海淀区	3.3	39.6	49.5	6.6	1.1
怀柔区	3.3	33.3	57.8	5.6	0.0
门头沟区	4.4	40.0	51.1	4.4	0.0
密云县	4.4	36.3	50.5	5.5	3.3
平谷区	5.6	33.3	52.2	8.9	0.0
石景山区	1.1	49.5	44.0	5.5	0.0

地区	满意度				
	非常满意	比较满意	一般满意	比较不满意	非常不满意
顺义区	3.3	43.3	45.6	5.6	2.2
通州区	3.3	44.0	48.4	4.4	0.0
西城区	5.5	34.1	53.8	5.5	1.1
宣武区	2.2	36.3	57.1	4.4	0.0
延庆县	6.6	41.8	45.1	6.6	0.0

4.4 北京水文化建设不满意因素

4.4.1 总体情况

在对北京水文化建设现状不满意的原因调查中，62.8%的被访居民选择了"对水文化的保护和恢复力度不够"，61.4%的被访居民选择"对水在文化层面的价值关注太少"，认为水文化建设"宣传力度不够"的被访居民比例为47.9%，认为"水文化的建设机制亟待创新"的被访居民比例为37.8%，另有35.4%的被访居民认为水文化建设"资金投入不足"。

上述调查结果显示，被访居民对于北京水文化建设有较为深入的思考，从历史文化保护与重建、文化价值提升、管理体制、资金与宣传投入等诸多方面提出了问题。在"其他"项中，被访居民还从水文化早期教育、水源地保护、建设资金投向、政府重视程度、建设速度等方面表达了意见（附图11）。

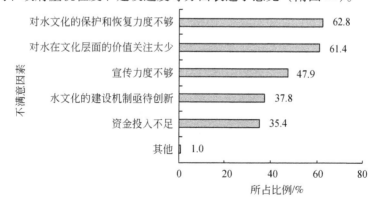

附图11 北京水文化建设不满意因素

4.4.2　十八区县

从区县细分角度看，各区县被访居民对北京水文化建设不满意因素集中反映在"对水文化的保护和恢复力度不够"、"对水在文化层面的价值关注太少"和"宣传力度不够"三个问题上。

昌平区、崇文区、丰台区和海淀区有40%以上的被访居民因北京水文化建设"资金投入不足"而不满意。昌平区、崇文区、房山区和延庆县有近50%的被访居民认为"水文化的建设机制亟待创新"（附表5）。

附表5　十八区县水文化建设不满意因素　　　　（单位:%）

地区	不满意因素					
	资金投入不足	宣传力度不够	对水在文化层面的价值关注太少	对水文化的保护和恢复力度不够	水文化的建设机制亟待创新	其他
昌平区	40.7	50.5	63.7	67.0	47.3	0.0
朝阳区	29.7	39.6	69.2	52.7	35.2	0.0
崇文区	44.0	52.7	57.1	73.6	49.5	1.1
大兴区	38.5	51.6	56.0	58.2	34.1	2.2
东城区	28.6	51.6	54.9	61.5	34.1	3.3
房山区	33.3	45.6	62.2	64.4	47.8	2.2
丰台区	41.8	54.9	57.1	63.7	34.1	2.2
海淀区	41.8	48.4	59.3	65.9	34.1	0.0
怀柔区	32.2	41.1	45.6	57.8	35.6	0.0
门头沟区	32.2	44.4	62.2	67.8	31.1	0.0
密云县	28.6	40.7	47.3	65.9	40.7	2.2
平谷区	34.4	53.3	64.4	61.1	40.0	2.2
石景山区	34.1	57.1	58.2	70.3	44.0	0.0
顺义区	28.9	36.7	62.2	56.7	37.8	0.0
通州区	27.5	54.9	65.9	72.5	34.1	1.1
西城区	37.4	52.7	65.9	70.3	46.2	2.2
宣武区	36.3	48.4	61.5	64.8	39.6	2.2
延庆县	39.6	51.6	62.6	67.0	48.4	0.0

5　北京水文化接触度研究

5.1　北京水文化接触度

5.1.1　总体情况

北京水文化七个代表性水系中，居民对永定河的接触度最高，对长河（南长河）的接触度最低。统计结果显示，77.5%的被访居民接触过永定河，68.0%的被访居民接触过护城河，56.5%的被访居民接触过昆明湖，41.9%的被访居民接触过北运河，接触过六海的被访居民比例为39.9%，接触过玉泉山泉群和长河（南长河）的被访居民比例分别仅为25.7%和13.3%（附图12）。

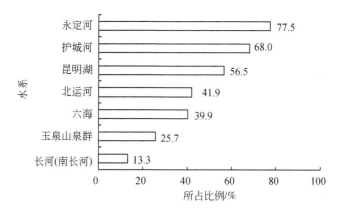

附图 12　北京水文化水系接触度

5.1.2　十八区县

从区县细分角度看，十八区县被访居民对北京水文化七个代表性水系的接触主要集中在永定河、护城河与昆明湖三个水系上，各县区均有70%以上的居民接触过永定河，均有60%以上的居民接触过护城河，均有50%以上的居民接触过昆明湖。

玉泉山泉群和长河（南长河）的接触度在各区县均较低。除西城区外，其余区县被访者接触过玉泉山泉群的比例均低于30%。除昌平区和宣武区外，其余区县被访者接触过长河（南长河）的比例均低于20%（附表6）。

附表6　十八区县水文化水系接触度　　　　（单位:%）

地区	接触度						
	永定河	北运河	六海	护城河	昆明湖	玉泉山泉群	长河（南长河）
昌平区	83.5	48.4	41.8	70.3	50.5	28.6	24.2
朝阳区	72.5	37.4	33.0	64.8	58.2	19.8	7.7
崇文区	80.2	45.1	52.7	71.4	69.2	27.5	15.4
大兴区	85.7	49.5	39.6	70.3	50.5	28.6	17.6
东城区	76.9	33.0	48.4	74.7	64.8	23.1	8.8
房山区	82.2	43.3	35.6	68.9	51.1	26.7	17.8
丰台区	74.7	42.9	44.0	64.8	54.9	29.7	11.0
海淀区	76.9	34.1	38.5	70.3	61.5	25.3	11.0
怀柔区	71.1	44.4	31.1	64.4	46.7	24.4	8.9
门头沟区	87.8	42.2	35.6	70.0	52.2	26.7	16.7
密云县	70.3	46.2	44.0	64.8	58.2	25.3	12.1
平谷区	81.1	43.3	38.9	62.2	48.9	23.3	14.4
石景山区	80.2	45.1	35.2	61.8	53.8	26.4	14.3
顺义区	78.9	46.7	37.8	67.8	46.7	27.8	18.9
通州区	80.2	52.7	39.6	70.3	56.0	25.3	16.5
西城区	74.7	44.0	51.6	75.8	63.7	31.9	13.2
宣武区	79.1	47.3	60.4	65.9	61.5	29.7	22.0
延庆县	76.9	42.9	37.4	68.1	50.5	26.4	9.9

接触是加深认知的重要途径，必须采取措施帮助各区县居民提高对水文化代表性水系的接触度，尤其是促进各区县居民对六海、玉泉山泉群和长河（南长河）的接触，为提升北京水文化价值奠定基础。

5.2　北京水文化接触时间

5.2.1　总体情况

总体来看，接近60%的被访居民在一个月内接触过北京水文化。统计显示，7.2%的被访居民在三天内接触过北京水文化，20.7%的被访居民在一周内接触过北京水文化，30.6%的被访居民在一个月内接触过北京水文化，因此，有

58.5%的被访者在访问日之前的一个月内接触过北京水文化。

19.5%的被访居民表示在三个月内接触过北京水文化，在一年内与一年以前接触过北京水文化的被访居民比例分别是12.6%和9.4%（附图13）。促进这部分被访者更多地接触北京水文化，是北京水文化建设的重要工作内容之一。

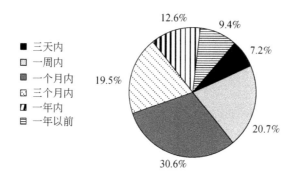

附图13　北京水文化不同接触时间的居民比例

5.2.2　十八区县

各区县中，崇文区、东城区和宣武区有10%以上的被访者在三天内接触过北京水文化，昌平区、朝阳区等9个区县有20%以上的被访者在一周内接触过北京水文化，十八区县均有20%以上的被访者在一个月内接触过北京水文化。

大兴区、丰台区、怀柔区、门头沟区、平谷区、通州区和宣武区七个区均有10%以上的被访居民在一年前接触过北京水文化（附表7），这表明这些区有一定数量的人群与北京水文化相当疏远，应设法促使这部分居民走近水文化、接触水文化代表性水系。

附表7　十八区县水文化不同接触时间的居民比例　　（单位:%）

地区	居民比例					
	三天内	一周内	一个月内	三个月内	一年内	一年以前
昌平区	4.4	23.1	39.6	17.6	11.0	4.4
朝阳区	6.6	26.4	28.6	20.9	7.7	9.9
崇文区	11.0	26.4	20.9	26.4	12.1	3.3
大兴区	7.7	14.3	38.5	12.1	15.4	12.1
东城区	13.2	18.7	28.6	17.6	15.4	6.6

地区	居民比例					
	三天内	一周内	一个月内	三个月内	一年内	一年以前
房山区	7.8	22.2	26.7	16.7	18.9	7.8
丰台区	6.6	14.3	30.8	19.8	14.3	14.3
海淀区	8.8	19.8	26.4	22.0	15.4	7.7
怀柔区	1.1	24.4	24.4	22.2	15.6	12.2
门头沟区	1.1	18.9	33.3	21.1	13.3	12.2
密云县	4.4	25.3	23.1	25.3	12.1	9.9
平谷区	7.8	13.3	37.8	16.7	10.0	14.4
石景山区	7.7	25.3	31.9	22.0	7.7	5.5
顺义区	5.6	13.3	40.0	18.9	16.7	5.6
通州区	4.4	18.7	35.2	18.7	11.0	12.1
西城区	6.6	26.4	33.0	16.5	9.9	7.7
宣武区	13.2	18.7	27.5	18.7	11.0	11.0
延庆县	8.8	25.3	27.5	14.3	14.3	9.9

5.3 北京水文化水系接触频度

5.3.1 总体情况

较高的接触频度能帮助居民有效地加深对相应水文化水系的认知。调查结果显示，半数以上被访居民经常接触永定河与护城河。如附图 14 所示，58.1% 的

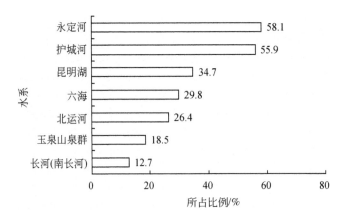

附图 14 北京水文化水系接触频度

被调查居民经常接触永定河，55.9%的被访居民经常接触护城河。

被访居民与北京水文化其他几个代表性水系的接触频度相对较低，其中，昆明湖为34.7%，六海为29.8%，北运河为26.4%。经常接触玉泉山泉群和长河（南长河）的被访居民比例较低，前者为18.5%，后者最低，仅为12.7%。

5.3.2　十八区县

北京市十八区县经常接触永定河和护城河的被访居民所占比例均在40%以上，经常接触玉泉山泉群和长河（南长河）的居民比例均在30%以下（附表8）。

附表8　十八区县水文化水系接触频度　　　　　（单位:%）

地区	接触频度						
	永定河	北运河	六海	护城河	昆明湖	玉泉山泉群	长河（南长河）
昌平区	74.7	33.0	24.2	54.9	40.7	18.7	15.4
朝阳区	59.3	29.7	29.7	59.3	36.3	22.0	17.6
崇文区	47.3	24.2	38.5	52.7	29.7	14.3	13.2
大兴区	58.2	31.9	34.1	59.3	34.1	14.3	14.3
东城区	42.9	13.2	28.6	46.2	27.5	14.3	5.5
房山区	55.6	22.2	30.0	57.8	28.9	17.8	6.7
丰台区	62.6	25.3	28.6	49.5	39.6	24.2	12.1
海淀区	56.0	20.9	28.6	61.5	30.8	18.7	12.1
怀柔区	52.2	31.1	25.6	48.9	26.7	14.4	3.3
门头沟区	62.2	18.9	28.9	52.2	34.4	14.4	13.3
密云县	52.7	29.7	23.3	45.1	33.0	13.2	8.8
平谷区	63.3	25.6	31.1	56.7	41.1	20.0	14.4
石景山区	59.3	30.8	27.5	56.0	44.0	19.8	11.0
顺义区	57.8	27.8	27.8	53.3	31.1	15.6	12.2
通州区	62.6	35.2	30.8	58.2	35.2	17.6	14.3
西城区	50.5	23.1	40.7	60.4	42.9	18.7	14.3
宣武区	42.9	18.7	38.5	40.7	24.2	11.0	8.8
延庆县	67.0	34.1	25.3	56.0	42.9	14.3	7.7

5.4 北京水文化接触目的

5.4.1 总体情况

总体来看，人们接触北京水文化的主要目的是日常休闲娱乐。调查结果显示，69.7%的被访居民接触北京水文化的目的是日常休闲娱乐，56.6%的被访居民接触北京水文化的目的是旅游度假，49.9%的被访居民接触北京水文化的目的是领略水文化、陶冶性情，以生活、工作必需为目的而接触水文化的居民比例较低（附图15）。

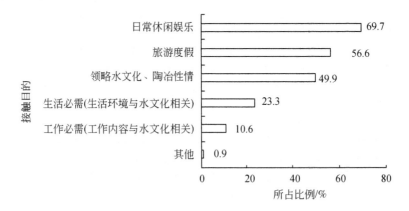

附图15　北京水文化不同接触目的的居民比例

居民以休闲娱乐、旅游度假、文化消费等为接触北京水文化的主要目的，有利于将水文化建设与水岸经济建设有机结合起来，整合区域水文化旅游资源，围绕水文化建设水文化生态旅游休闲度假区。水文化建设与水岸经济建设结合，有投入有产出，从而形成水文化建设的可持续发展路径。

5.4.2 十八区县

从区县细分角度看，除通州区之外，其他十七区县以旅游度假为接触北京水文化目的的被访居民比例均在50%以上。除顺义区之外，其他十七区县以日常休闲娱乐为接触北京水文化目的的被访居民比例均在60%以上。崇文区、怀柔区、密云县以领略水文化、陶冶性情作为接触北京水文化目的的被访居民比例接近40%，其他十五区县的比例则均在40%以上（附表9）。

附表9　十八区县具有不同水文化接触目的的居民比例　　（单位:%）

地区	居民比例					
	旅游度假	日常休闲娱乐	领略水文化陶冶性情	生活必需（生活环境与水文化相关）	工作必需（工作内容与水文化相关）	其他
昌平区	61.5	67.0	56.0	23.1	15.4	0.0
朝阳区	52.7	69.2	53.8	26.4	7.7	0.0
崇文区	65.9	76.9	39.6	31.9	15.4	1.1
大兴区	58.2	65.9	53.8	22.0	16.5	0.0
东城区	52.7	78.0	41.8	19.8	5.5	1.1
房山区	60.0	66.7	56.7	20.0	5.6	2.2
丰台区	65.9	64.8	49.5	20.9	14.3	1.1
海淀区	52.7	67.0	44.0	20.9	11.0	2.2
怀柔区	55.6	62.2	37.8	22.2	6.7	0.0
门头沟区	56.7	70.0	46.7	24.4	5.6	1.1
密云县	54.9	71.4	39.6	26.4	5.5	1.1
平谷区	57.8	66.7	52.2	20.0	7.8	1.1
石景山区	54.9	81.3	54.9	22.0	12.1	0.0
顺义区	54.4	57.8	57.8	27.8	11.1	0.0
通州区	46.2	84.6	47.3	24.2	15.4	0.0
西城区	60.4	83.5	57.1	22.0	8.8	1.1
宣武区	68.1	70.3	41.8	27.5	7.7	2.2
延庆县	61.5	71.4	50.5	24.2	11.0	0.0

5.5　北京水文化接触影响因素

5.5.1　总体情况

研究发现，影响北京居民接触水文化的主要因素是个人兴趣和与水文化区域的地理距离。如附图16所示，67.5%的被访居民接触水文化受个人兴趣的影响，67.4%的被访居民表示接触水文化受与水文化区域的地理距离的影响，28.2%的被访者认为自身与北京水文化的接触受家庭收入影响。

由此可见，北京居民接触水文化的主要影响因素是水文化是否能引起个人的

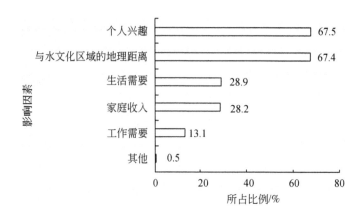

附图16 北京水文化不同接触影响因素的居民比例

兴趣与到达水文化区域的交通便利性，金钱花费已经是次要的影响因素。因此，水文化建设以及水岸经济区建设，必须结合居民的文化休闲消费偏好，加强交通等硬件设施建设，吸引居民接触水文化、消费水文化、参与到水文化的建设中。

5.5.2 十八区县

从区县细分的角度看，十八区县均有60%以上的被访居民接触北京水文化的主要影响因素是与水文化区域的地理距离。除海淀区外，十七区县均有60%以上的被访居民接触北京水文化的主要影响因素是个人兴趣。

除海淀区和顺义区之外，其他十六区县以家庭收入为接触北京水文化的影响因素的被访居民比例在30%左右（附表10），因此，北京水文化建设必须考虑居民的支付能力，尤其是中低收入家庭的文化消费能力。

附表10 北京水文化不同接触影响因素的居民比例 （单位:%）

地区	居民比例					
	家庭收入	个人兴趣	与水文化区域的地理距离	生活需要	工作需要	其他
昌平区	30.8	62.6	70.3	27.5	13.2	1.1
朝阳区	31.9	68.1	61.5	29.7	13.2	0.0
崇文区	28.6	65.9	82.4	39.6	13.2	1.1
大兴区	35.2	71.4	63.7	22.0	13.2	0.0
东城区	27.5	65.9	75.8	24.2	13.2	1.1

地区	居民比例					
	家庭收入	个人兴趣	与水文化区域的地理距离	生活需要	工作需要	其他
房山区	26.7	67.8	70.0	22.2	7.8	1.1
丰台区	28.6	70.3	70.3	29.7	16.5	0.0
海淀区	19.8	59.3	67.0	27.5	12.1	1.1
怀柔区	31.1	64.4	61.1	28.9	7.8	0.0
门头沟区	35.6	68.9	64.4	26.7	11.1	0.0
密云县	30.8	63.7	72.5	30.8	13.2	1.1
平谷区	30.0	64.4	67.8	31.1	7.8	1.1
石景山区	30.8	75.8	68.1	36.3	17.6	0.0
顺义区	21.1	70.0	66.7	31.1	10.0	0.0
通州区	27.5	76.9	69.2	33.0	19.8	1.1
西城区	30.8	71.4	72.5	35.2	9.9	0.0
宣武区	33.0	72.5	65.9	27.5	13.2	1.1
延庆县	30.8	69.2	65.9	25.3	16.5	0.0

6 北京水文化支付意愿研究

水文化作为一种公共物品和文化体系的重要组成部分，采用市场价值法很难有效对水文化的经济价值进行评估，本次调研采用条件价值评估法（contingent valuation method，CVM）。

条件价值评估法是一种陈述偏好、对公共物品进行价值评估的方法，是一种通过人群调查为技术手段的非市场价值评估方法。它主要是以调查问卷为工具，通过构建假想市场，揭示人们对于环境改善的最大支付意愿（willingness to pay，WTP），或对于环境恶化希望获得的最小补偿意愿（willingness to accept，WTA）。

6.1 北京水文化保护利用支付意愿

在对以永定河、北运河（大运河北端）、六海（西海、后海、前海、北海、中海、南海）、护城河、昆明湖、玉泉山泉群、长河（南长河）等水系为代表的北京水文化的保护、利用方面，北京居民的支付意愿集中在每月从家庭收入中支付5元和10元。

愿意每月从家庭收入中支付5元用于永定河等七大代表性水文化水系的居民比例均在20%以上，愿意支付10元的居民比例均在15%~20%，这表明每月10元及以下是北京居民能够普遍接受的支付金额。

为保护和利用七个代表性水系而愿意每月支付5元、10元、15元和20元的居民比例分别合计均在50%以上（附表11），这说明北京居民在为水文化保护和利用方面的支付意愿有较大的上升空间。

附表11　北京水文化保护利用支付意愿率　　　　　（单位：%）

费用/元	支付意愿率						
	永定河	北运河	六海	护城河	昆明湖	玉泉山泉群	长河（南长河）
0	8.0	12.0	12.9	7.4	9.6	14.4	18.5
5	22.8	26.3	23.8	21.7	23.5	23.9	25.7
10	18.6	17.3	18.2	15.9	18.1	15.9	15.5
15	4.8	6.0	7.9	9.2	8.0	7.5	6.0
20	9.9	9.1	9.3	11.8	9.9	10.0	7.2
30	5.4	7.0	5.9	6.2	5.9	5.9	5.5
40	2.4	3.8	2.9	3.4	3.8	3.9	4.2
50	11.8	6.5	6.9	7.9	7.0	6.4	6.1
60	1.6	1.8	2.3	2.3	1.9	2.4	2.1
70	0.6	0.9	1.6	1.0	1.5	1.4	1.7
80	1.8	1.7	1.9	1.7	2.3	1.6	1.8
90	0.6	0.9	1.3	1.0	1.4	1.1	0.9
100	6.3	3.7	2.8	5.1	3.5	3.1	2.7
100以上	5.4	2.9	2.3	5.4	3.7	2.6	2.2

6.2　北京市水文化建设支付意愿

6.2.1　总体情况

北京居民对永定河等七个北京水文化代表性水系的总体支付意愿率均在

85%以上，其中，对永定河、北运河、护城河、昆明湖的总体支付意愿率均在
90%以上，这表明北京市居民对水文化建设的积极性很高，对支持水文化建设的
支付意愿较强。

居民对永定河等七个北京水文化代表性水系的总体平均支付意愿金额均在
30元/月以上，其中，对永定河、护城河、昆明湖的总体平均支付意愿金额在40
元/月以上。

对于永定河水文化建设，北京市居民意愿支付所产生的社会效益价值约为
79.9亿元/年。北运河的社会效益价值约为63.6亿元/年，六海约为63.0亿元/
年，护城河约为77.9亿元/年，昆明湖约为68.7亿元/年，玉泉山泉群约为64.7
亿元/年，长河（南长河）约为54.3亿元/年。北京水文化七个代表性水系的社
会效益价值合计约为472.2亿元/年。

永定河等七个代表性水系属于一个相对完整的北京城市水文化体系，具有明
显的历史文化价值和社会效益价值。北京居民对七个水系水文化建设的支付意愿
价值超过470亿元/年（附表12），这一方面表明北京水文化建设的社会效益巨
大，另一方面也说明北京水文化建设具有更大的增值、升值潜力。

附表12 北京水文化建设总体支付意愿情况

水系	支付人数	支付总额 /（元/月）	支付意愿率 /%	平均支付意愿 /（元/月）	支付意愿总值 /（亿元/年）
永定河	1 535	69 287.50	94.0	45.14	79.9
北运河	1 474	56 940.50	90.3	38.63	63.6
六海	1 466	55 604.50	89.8	37.93	63.0
护城河	1 512	69 866.50	92.6	46.21	77.9
昆明湖	1 488	61 314.50	91.1	41.21	68.7
玉泉山泉群	1 435	56 684.50	87.9	39.50	64.7
长河（南长河）	1 392	48 185.50	85.2	34.62	54.3
合计			472.1		

6.2.2 十八区县水文化建设支付意愿

6.2.2.1 十八区县水文化建设支付意愿率

北京市十八区县居民对永定河等七个代表性水系水文化建设的支付意愿率处

于较高水平，其中，朝阳区、房山区、通州区、大兴区对各水系的支付意愿率均在 90% 及以上（附表 13）。

附表 13　十八区县水文化建设总体支付意愿率　　　　（单位:%）

地区	支付意愿率						
	永定河	北运河	六海	护城河	昆明湖	玉泉山泉群	长河（南长河）
东城区	85.7	76.9	76.9	86.8	81.3	73.6	69.2
西城区	93.4	92.3	90.1	90.1	87.9	83.5	83.5
崇文区	89.0	84.6	84.6	90.1	87.9	81.3	80.2
宣武区	91.2	84.6	87.9	89.0	87.9	84.6	79.1
朝阳区	96.7	96.7	93.4	95.6	95.6	94.5	94.5
丰台区	95.6	93.4	94.5	93.4	94.5	92.3	89.0
石景山区	94.5	87.9	90.1	92.3	92.3	87.9	84.6
海淀区	87.9	83.5	82.4	89.0	87.9	79.1	74.7
房山区	98.9	96.7	96.7	100.0	97.8	94.4	95.6
通州区	100.0	95.6	94.5	98.9	97.8	93.4	90.1
顺义区	95.6	94.4	92.2	95.6	93.3	91.1	88.9
昌平区	95.6	93.4	93.4	92.3	92.3	90.1	89.0
大兴区	94.5	94.5	94.5	94.5	94.5	94.5	94.5
门头沟区	97.8	92.2	90.0	93.3	90.0	91.1	88.9
怀柔区	94.4	87.8	90.0	92.2	92.3	88.9	86.7
平谷区	93.3	88.9	88.9	91.1	87.8	87.8	83.3
密云县	92.3	89.0	87.9	91.2	89.0	86.8	85.7
延庆县	95.6	95.6	94.5	92.3	93.4	91.2	89.0

目前看来，居民对水文化建设的支持力度较高，这一现状为提升北京水文化价值、促进水文化建设的打下了良好的基础。

6.2.2.2　十八区县水文化建设平均支付意愿

北京市十八区县居民对永定河等七个代表性水系水文化建设的平均支付意愿多数在 30 元/月以上，其中，崇文区、宣武区、顺义区居民的平均支付意愿均在40 元/月以上（附表 14）。

附表14 十八区县水文化建设平均支付意愿 （单位：元/月）

城区	平均支付意愿						
	永定河	北运河	六海	护城河	昆明湖	玉泉山泉群	长河（南长河）
东城区	31.9	33.1	33.8	45.7	34.5	30.3	26.6
西城区	33.0	24.1	27.6	32.6	32.3	26.1	21.8
崇文区	76.0	70.8	83.8	94.5	85.0	111.6	98.3
宣武区	46.2	43.1	45.1	45.2	43.3	40.6	43.7
朝阳区	40.6	31.7	35.3	40.1	42.0	44.8	33.4
丰台区	55.6	47.7	43.1	50.5	43.6	43.5	40.9
石景山区	37.4	36.7	29.5	35.9	36.4	43.9	24.0
海淀区	34.3	23.1	24.7	31.1	25.7	23.3	21.9
房山区	48.1	34.8	41.9	46.0	32.9	26.6	23.0
通州区	38.5	35.0	29.2	36.0	33.7	37.8	29.9
顺义区	57.6	56.4	46.7	56.5	54.9	58.1	46.7
昌平区	57.4	43.9	42.1	57.9	41.4	37.5	38.8
大兴区	36.9	29.9	32.6	38.2	28.4	26.0	27.6
门头沟区	43.4	32.7	34.6	51.4	55.4	37.4	36.9
怀柔区	39.4	35.4	30.0	38.0	30.0	30.5	24.5
平谷区	51.9	44.0	37.5	44.0	35.1	31.4	27.1
密云县	37.2	37.2	37.8	44.1	45.3	32.4	34.6
延庆县	47.1	36.4	28.6	44.8	42.9	31.5	25.3

　　较高的平均支付意愿金额表明北京居民对水文化建设的社会价值比较认可，这就为北京水文化建设的社会效益价值效果提供了保障。

6.2.2.3 十八区县水文化建设支付意愿价值

　　北京市十八区县水文化建设支付意愿价值的计算公式为支付意愿价值＝区县常住人口×区县支付意愿率×区县平均支付意愿×12（月）。北京总体水文化建设支付意愿价值由十八区县水文化建设支付意愿价值加总得到。

　　研究结果显示，除门头沟区、怀柔区、延庆县三个区县之外，其他各区县的水文化建设支付意愿价值都在10亿元/年以上。其中，朝阳区最高，达到91.9亿元/年，其次是丰台区的61.6亿元/年（附表15）。

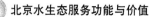

附表15　十八区县水文化建设平均支付意愿价值　　（单位：亿元/年）

城区	平均支付意愿价值							
	永定河	北运河	六海	护城河	昆明湖	玉泉山泉群	长河（南长河）	总计
东城区	1.8	1.7	1.7	2.6	1.9	1.5	1.2	12.4
西城区	2.5	1.8	2.0	2.3	2.3	1.7	1.5	14.0
崇文区	2.4	2.1	2.5	3.1	2.7	3.3	2.8	18.9
宣武区	2.8	2.4	2.6	2.7	2.5	2.3	2.3	17.6
朝阳区	14.1	11.0	11.9	13.8	14.5	15.2	11.4	91.9
丰台区	10.8	9.1	8.3	9.6	8.4	8.1	7.4	61.6
石景山区	2.3	2.1	1.7	2.2	2.2	2.5	1.3	14.4
海淀区	10.2	6.5	6.9	9.4	7.6	6.2	5.5	52.3
房山区	5.1	3.6	4.3	4.9	3.4	2.7	2.3	26.3
通州区	4.5	3.9	3.2	4.1	3.8	4.1	3.1	26.7
顺义区	4.9	4.7	3.8	4.8	4.5	4.7	3.7	31.0
昌平区	5.9	4.4	4.2	5.7	4.1	3.6	3.7	31.7
大兴区	4.1	3.2	3.4	4.2	3.0	2.8	2.7	23.3
门头沟区	1.4	1.0	1.0	1.6	1.6	1.1	1.1	8.7
怀柔区	1.4	1.2	1.0	1.3	1.1	1.0	0.8	7.8
平谷区	2.5	2.0	1.7	2.0	1.6	1.4	1.2	12.3
密云县	1.9	1.8	1.8	2.2	2.2	1.5	1.6	12.9
延庆县	1.5	1.2	0.9	1.4	1.4	1.0	0.8	8.2
合计	79.9	63.6	63.0	77.9	68.7	64.7	54.3	472.2

　　水文化建设支付意愿价值主要受到支付意愿率和平均支付意愿金额的影响，提升北京水文化价值、提高水文化建设的社会效益价值，关键在于推动广大民众对水文化历史传统、水文化建设进程的认知，让更多的居民接触水文化、享受水文化，从而提高对水文化价值、水文化建设重要性的认识。

　　水文化价值不是静态的，而是一个不断发展变化的动态过程，通过提高居民对水文化的认知度、使用度，帮助居民认识到水文化建设的重要性，将促进北京水文化建设进入良性循环，从而使水文化价值在原有基础上获得不断提升和增值。

6.3 北京水文化补偿意愿

为了从另一个角度评估北京水文化的价值，调查问卷中设计了相关补偿意愿的题目，假设当永定河等北京市七个代表性水系将要消失时，公众是否愿意支付一定数额的费用进行补偿，愿意支付多少费用补偿。研究结果显示，在各档赔偿金额中，选择每月赔偿100元以上的最多，33.5%的被访居民认为如果永定河消失，自己每月应该获得100元以上的补偿；如果护城河消失，选择补偿100元以上的居民比例为33.0%；如果昆明湖消失，选择补偿100元以上的居民比例为30.4%（附表16）。

附表16 北京水文化补偿意愿率 （单位:%）

费用/元	补偿意愿						
	永定河	北运河	六海	护城河	昆明湖	玉泉山泉群	长河（南长河）
0	8.9	9.2	9.6	7.7	8.0	10.3	11.8
5	7.2	8.9	8.5	6.6	7.5	8.7	8.4
10	8.6	9.6	9.9	7.8	8.0	7.2	8.4
15	3.4	4.0	4.3	5.0	4.9	5.5	5.0
20	6.3	7.0	7.0	7.3	8.3	6.3	6.0
30	4.4	3.9	4.8	4.4	4.0	6.0	5.0
40	1.9	3.5	2.8	3.1	3.1	4.1	5.5
50	9.0	8.5	8.1	8.3	8.5	7.5	8.4
60	2.5	3.3	2.6	2.7	3.2	3.2	3.0
70	0.9	1.7	1.7	1.6	2.0	2.3	2.5
80	2.6	2.6	3.1	3.1	2.8	3.2	2.9
90	1.0	2.0	2.1	2.1	1.8	2.3	2.4
100	7.7	8.0	7.3	7.4	7.4	7.2	6.1
100以上	35.5	28.0	28.2	33.0	30.4	26.3	24.6

选择每月补偿0元即不补偿的，只有玉泉山泉群和长河（南长河）的比例超过一成，因此，相关部门需要更多地向公众宣传这两个水系的文化底蕴与历史价值等信息，以体现其真实的水文化价值。